全国高职高专院校机电类专业规划教材
教育部高职高专自动化技术类专业教学指导委员会规划教材

变频器应用技术

张文明　贾君贤　周保廷　主　编
王一凡　黄晓伟　陈东升　副主编
　　　　　　　　金彦平　参　编
　　　　吕景泉　胡年华　主　审

U0310455

中国铁道出版社有限公司
CHINA RAILWAY PUBLISHING HOUSE CO., LTD.

内 容 简 介

本书从高技能型人才培养的实际要求出发，以汇川MD380系列变频器为载体。全书共由6个项目组成，项目1讲解了变频器的工作原理；项目2讲解了变频器的主回路和控制回路连接；项目3讲解了变频器的基本的操作与调试；项目4讲解了变频器的运行与控制；项目5讲解了变频器的维护知识；项目6讲解了变频器的通信功能。每个项目有若干个任务，包括任务相关知识，应用举例或实训举例，每个任务还设计了相关思考与练习。

本书适合作为卓越工程师教育培养计划、高职高专学校机电一体化技术、电气自动化技术、生产过程自动化、机电安装工程、数控维修、设备维护、楼宇自动化、光伏新能源等专业的课程教材，并可作为相关工程人员培训和自修的参考书。

图书在版编目（CIP）数据

变频器应用技术/张文明，贾君贤，周保廷主编. —
北京：中国铁道出版社，2015.2（2023.1重印）
全国高职高专院校机电类专业规划教材　教育部高职
高专自动化技术类专业教学指导委员会规划教材
ISBN 978-7-113-19972-2

Ⅰ．①变… Ⅱ．①张… ②贾… ③周… Ⅲ．①变频器
－高等职业教育－教材 Ⅳ．①TN773

中国版本图书馆CIP数据核字(2015)第034606号

书　　名：变频器应用技术
作　　者：张文明　贾君贤　周保廷

策　　划：祁　云　　　　　　　　　　　　　编辑部电话：（010）63549458
责任编辑：祁　云　鲍　闻
封面设计：付　巍
封面制作：白　雪
责任校对：王　杰
责任印制：樊启鹏

出版发行：中国铁道出版社有限公司（100054，北京市西城区右安门西街8号）
网　　址：http://www.tdpress.com/51eds/
印　　刷：北京铭成印刷有限公司
版　　次：2015年2月第1版　　　2023年1月第2次印刷
开　　本：787mm×1092mm　1/16　印张：9.25　字数：216千
书　　号：ISBN 978-7-113-19972-2
定　　价：32.00元

全国高职高专院校机电类规划教材

随着我国高等职业教育改革的不断深入，我国高等职业教育的发展进入了一个新的阶段。教育部下发的《关于全面提高高等职业教育教学质量的若干意见》教高[2006]16号文件，旨在阐述社会发展对高素质技能型人才的需求，以及如何推进高职人才培养模式改革，提高人才培养质量。

教材的出版工作是整个高等职业院校教育教学工作中的重要组成部分，教材是课程内容和课程体系的载体，对课程改革和建设具有推动作用，所以提高课程教学水平和教学质量的关键在于出版高水平、高质量的教材。

出版面向高等职业教育的"以就业为导向，以能力为本位"的优质教材一直就是中国铁道出版社优先开发的领域。我社本着"依靠专家、研究先行、服务为本、打造精品"的出版理念，于2007年成立了"中国铁道出版社高职机电类课程建设研究组"，并经过两年的充分调查研究，策划编写、出版了本系列教材。

本系列教材主要涵盖高职高专机电类的公共课及六个专业的相关课程，它们是电气自动化专业、机电一体化专业、生产过程自动化专业、数控技术专业、模具设计与制造专业以及数控设备应用与维护专业。它们共同成为体系，又具有相对独立性。本系列教材在编写过程中邀请了高职高专自动化教指委专家、国家级教学名师、精品课负责人、知名专家教授、学术带头人及骨干教师。他们针对相关专业的课程，结合了多年教学中的实践经验，同时吸取了高等职业教育改革的成果，因此无论教学理念的导向、教学标准的开发、教学体系的确立、教材内容的筛选、教材结构的设计，还是教材素材的选择都极具特色。

本系列教材的特点归纳如下：

（1）围绕培养学生的职业技能这条主线设计教材的结构，理论联系实际，从应用的角度组织编写内容，突出实用性，并同时注意将新技术、新成果纳入教材。

（2）根据机电类课程的特点，对基本理论和方法的讲述力求简单、易于理解，以缓解繁多的知识内容与偏少的学时之间的矛盾。同时，增加了相关技术在实际生产、生活中的应用实例，从而激发学生的学习热情。

（3）将"问题引导式""案例式""任务驱动式""项目驱动式"等多种教学方法引入教材体例的设计中，融入启发式的教学方法，力求好教、好学、爱学。

（4）注重立体化教材的建设。本系列教材通过主教材、配套光盘、电子教案等教学资源的有机结合，来提高教学服务水平。

总之，本系列教材在策划出版过程中得到了教育部高职高专自动化技术类专业教学指导委员会委员以及广大专家的指导和帮助，在此表示深深的感谢。希望本系列丛书的出版能为我国高等职业院校教育改革起到良好的推动作用，欢迎使用本系列教材的老师和同学们提出宝贵的意见和建议。书中如有不妥之处，敬请批评指正。

中国铁道出版社

2013年12月

前　言

本书是教育部高职高专自动化技术类专业教学指导委员会规划的项目化教材，面向教师和行业企业技术人员，服务于机电和自动化类专业职业能力培养，由常州纺织服装职业技术学院、常州工程职业技术学院、深圳市汇川技术股份有限公司等联合编写。

本套教材共由6个项目组成，每个项目又分为若干个任务，包括任务预备知识、应用举例或训练举例，每个任务还设计了相关思考与练习。项目1讲解了变频器的工作原理；项目2讲解了变频器的主回路和控制回路连接；项目3讲解了变频器的基本的操作与调试；项目4讲解了变频器的运行与控制；项目5讲解了变频器的维护知识；项目6讲解了变频器的通信功能。

为保证教材能做到思路清晰，层次分明、循序渐进、易教易学，教材对"任务"的内容设计如下。

任务目标：任务目标包括完成工作任务所需的实践能力以及分析解决问题的能力。

工作内容：工作内容包括完成工作任务所进行的实践活动。

相关知识：相关知识是对工作任务所涉及的基本概念、理论知识、实践知识等进行的综合性介绍与说明。

任务实施：完成工作内容所需要进行的操作。

练习与提高：练习与提高是在任务内容完成的基础上巩固与提高分析和解决与此相类似的问题的能力。

以上教学环节在不同任务中将按实际需要设置与选择，不拘泥于教条。

本书由张文明、贾君贤、周保延任主编，王一凡、黄晓伟、陈东升任副主编，金彦平参编。本书撰写分工如下：张文明教授负责撰写教材前言、摘要，并策划教材结构框架、章节内容及编写体例；王一凡讲师撰写项目1；陈东升工程师撰写项目2；贾君贤讲师撰写项目3、项目4；张文明教授撰写项目5；黄晓伟工程师撰写项目6；周保延高级工程师撰写附录并且提供所有资料。全书由张文明教授统稿，吕景泉教授和汇川技术股份有限公司胡年华高工主审。

在本教材编写过程中，得到了汇川技术股份有限公司和常州工程职业技术学院等单位领导的大力支持，在此表示衷心的感谢！

限于编者的经验、水平以及时间，书中难免在内容和文字上存在不足和缺陷，敬请批评指正。

编　者
2014年12月

CONTENTS 目 录

学习变频器工作原理

任务1 学习变频器现状与发展

任务目标

（1）了解变频器发展趋势；

（2）熟悉变频器现状；

（3）掌握变频器节能原理。

工作内容

学习变频器发展趋势、现状及节能原理。变频器是电气传动及运动控制系统中的功率变换器，总的发展趋势是：驱动的交流化，功率变换器的高频化，控制的数字化、网络化和智能化，在简化驱动系统、工业节能减排领域有着巨大独特的优势。

变频器是 20 世纪 70 年代初随电力电子技术、PWM（脉宽调制）控制技术的发展而出现的一种用于普通感应电机调速的通用调速装置。随着科学技术的进步，当代变频器的功能已日臻完善。

任务实施

1 了解变频器发展趋势及节能原理

变频器是运动控制系统中的功率变换器。当今的电气传动与运动控制系统包含多种学科的技术，总的发展趋势是：驱动的交流化，功率变换器的高频化，控制的数字化、网络化和智能化。国内外生产变频器的厂家有几百种品牌，图1-1展示了ABB、西门子、三菱、汇川四种变频器的外观。

（a）ABB变频器　　　　（b）西门子变频器　　　　（c）三菱变频器　　　　（d）汇川变频器

图1-1 多种品牌变频器外观图

变频器作为系统重要的功率变换部件，为系统提供可控的、高性能的交流电源。随着新型电力电子器件和高性能微处理器的应用以及控制技术的发展，变频器的性价比越来越高，体积越来越小，而且厂家仍然在不断地提高其可靠性，以进一步实现变频器的小型化、高性能化、多功能化以及无公害化。变频器性能的优劣，一要看所驱动电机的输出力矩，调整范围及精度，其输出交流电压的谐波对电机的影响，二要看对电网的谐波污染和输入功率因数，本身的能量损耗（即效率）如何，三要看用于不同行业设备应用功能及适应能力，以量大面广的交—直—交变频器为例，它的发展趋势如下：

（1）主电路功率开关元件的自关断化、模块化、集成化、智能化，开关频率不断提高，开关损耗进一步降低。

（2）变频器主电路的拓扑结构方面：变频器的网侧变流器对低压小容量的装置常采用全桥整流式脉冲变流器，而对中压大容量的装置采用多重化变流器。负载侧变流器对低压小容量装置常采用两电平的桥式逆变器，而对中压大容量的装置采用多电平逆变器。对于四象限运行的变频器，可实现再生能量向电网回馈，网侧变流器应为可逆变流器，电能可双向流动的双PWM变频器；有的变频器，为提高功率因数，对网侧变流器加以适当控制可使输入电流接近正弦波，减少对电网的公害。目前，低压、中压变频器都有这类产品。

（3）脉宽调制变压变频器的控制方法可以采用正弦波脉宽调制(SPWM)控制、消除指定次数谐波的PWM控制、电流跟踪控制、电压空间矢量控制（磁链跟踪控制）等。

随着电力电子技术、计算机技术以及自动控制技术的迅速发展，电气传动技术正面临一场新的革命，其也朝着更加"绿色"的方向发展，在电气传动领域，变频调速系统因效率高、性能好而成为主流。自"十二五"规划出台以来，节能减排就是各行各业发展的关键，各种节能环保产品的应用更加广泛，前景更加明朗。受益于节能减排、绿色环保等战略的拉动，变频器作为变频调速领域内的重要设备，其未来的市场潜力非常巨大。在大规模的分布式可再生能源发电中，变频器在电力电子技术与信息通信技术方面都扮演着重要的角色。

变频器最初的用途是速度控制，随着技术发展和社会对能源运用效率要求的日益提高，其逐渐被用于节能领域；随着变频器驱动性能的提升，永磁同步电机应用的日益广泛，在一些行业已取代齿轮减速或皮带增速的传统驱动方式。据测算，使用变频器的电机系统节电率普遍达30%，某些场合可为40%～60%，节能效果显著。如今，变频器已是电机节能的发展方向。据介绍，变频调速技术较早用于煤炭行业的是矿井提升机，目前发达国家已将变频器普遍用于带式输送机的调速或带式输送机启动控制、风机调速以及水泵的调速。在上述设备中采用变频器除了提高传动性能外，更主要的是可以节省能源。由于变频器可以在许多行业内高效地节约电能，提高工艺水平，因此，在某种程度上，大力推广变频器可以减轻电力行业发电量指标的压力，节约电能的同时减少排放量，降低能耗。另一方面，电力行业也是变频器产品重要的应用领域之一。从我国火电厂中与变频器相关的控制过程看，风、煤、水、渣和尾气系统的传动装置都适合中压、低压变频器的应用。

2 熟悉变频器现状

自动化控制离不开变频器，中压、低压电器更是变频器拓展的空间。使用变频器的电机启动电流从零开始，逐渐增加，最大值也不超过额定电流，减轻了对电网的冲击和对供电容量的要求，从而达到节能的效果，还延长了设备的使用寿命，节省了设备的维护费用。尤其在精细加工领域，通过变频器高质量地控制电机转速，可以大幅度提高制造工艺水准。可以说，变频器是目前最理想、最有前途的电机节能设备，几乎国民经济的各行各业都与变频器密不可分。

虽然变频器有着诸多优点，但是由于价格的问题，目前它的大规模推广使用受到了限制，我国变频器生产厂现有300多家，但是实力和规模参差不齐，个别企业仍采用作坊式的生产模式，主要品牌维持在20～30家。国内变频器市场是以外资品牌的进入而发展的，外资品牌先入为主，目前在国内变频器市场的占有率约7成。大部分本土企业成立的时间不长，许多产品进入市场的时间较短，在产品的成熟度和品牌知名度方面还很难与国际知名品牌抗衡。本土企业主要生产V/F控制产品，对于性能优越、技术含量高的矢量变频器等产品，国内绝大多数企业还没有开发出成熟的产品。此外，国内企业的人员和资金不断分离，成立了众多企业，主要集中在广东、浙江、山东、上海等沿海地区。随着市场竞争的加剧，许多品牌将被逐步淘汰出局，未来的变频器市场将是一个品牌集中度较高、竞争更有序的市场。

目前常见的国产品牌有：汇川、台达、科姆龙、高邦、华为、东达、英威腾、普传、东菱、东元等品牌；欧美品牌有：ABB、西门子、施耐德、艾默生等；日本品牌有富士、三菱、安川、欧姆龙、松下等；其他品牌还有LG、现代、大宇、三星等。目前变频器的技术已经相当成熟，国产品牌不管在性能和质量上都可与进口品牌相媲美，在国内市场的占有率在快速上升，超过日本品牌，在售后方面，国产品牌更是有着进口品牌无法替代的优越性。

随着用户需求的多样化，变频器产品的功能在不断完善，集成度和系统化程度也越来越高，并且已经出现某些领域专用的节能变频器产品。变频器的节能原理：变频器使得电动机及其拖动负载在无须任何改动的情况下即可按照生产工艺要求调整转速输出，降低了电机功耗，在节能减排领域有着独特的优势，达到了系统高效运行的目的。相信变频器的应用将会越来越广泛，市场前景看好。

高压变频调速技术近年来发展也很快，在能源紧缺、环境问题日益严重的今天，节能减排已经有了量化的考核指标。中压电机的调速方式改为变频调速，已经作为通用节能技术在"十一五"将加以重点推广。随着变频高速技术的发展与综合利用，变频器行业在水泥、电梯、印刷、电力以及医学、通信、交通、运输、电力、电子、环保等领域得到空前的发展和应用。

任务2 学习变频器原理

变频器（Variable-Frequency Drive，VFD）是应用变频技术与微电子技术，通过改变电机工作电源频率方式来控制交流电动机的电力控制设备。变频器主要由整流（交流变直流）、滤波、逆变（直流变交流）、制动单元、驱动单元、检测单元、微处理单元等组成。

任务目标

（1）熟悉 MD380 变频器分类、特点和组成；

（2）掌握 MD380 变频器工作原理；

（3）掌握大功率晶体管的分类和特点。

工作内容

学习变频器的分类和特点，以及汇川 MD380 变频器的组成和工作原理。

任务实施

1 学习变频器分类和特点

为了适应不同的控制要求，变频器有通用变频器与专用变频器（交流主轴驱动器）之分。为了提高调速精度，通用变频器也可采用闭环控制。通用变频器按照产品性能与用途又被分为普通型、紧凑型、节能型及高性能型四大类。变频器自诞生以来一直是交流调速系统的研究热点，高性能化、环保化、网络化已成为当代变频器发展的必然趋势。

变频器作为一种面向感应电机的通用控制装置，与交流主轴驱动器、交流伺服驱动器等专用控制器相比，其有如下明显的特点。

1. 多种控制方式兼容

变频器的 V/F 控制、矢量控制与直接转矩控制有各自的特点与应用范围。当代变频器一般能兼容多种变频控制方式，使用者可以根据实际需要通过设定参数选择控制方式。

2. 开环/闭环通用

矢量控制变频器具有闭环控制和开环控制两种方式，闭环控制可以通过反馈消除误差，提高稳速精度，但也带来了系统可靠性问题。为适应不同的控制要求，当代变频器一般采用开环/闭环通用的结构形式，只要简单地增加闭环接口模块，便可以实现闭环控制，这一结构变换可同时用于 V/F 控制、矢量控制和直接转矩控制。目前无速度传感器控制比有速度传感器的应用更多。

3. 适用性强、调速性能提升

早期的通用变频器是一种面向普通感应电机的控制装置，它虽然可用于各种负载，几乎所有交流电机的控制，并具有多电机控制功能，通用性强、适应面广。随着节能及大扭矩驱动需求的增加，现在利用矢量变频器驱动同步电机、直流无刷电机等，驱动性能大为提升。

2 学习变频器工作原理

图 1-2 所示为开环 V/F 变频调整系统的原理框图，由处理器、按 V/F 恒定原则，产生 PWM 控制信号，令 IGBT 逆变模块进行功率放大后输出，电路中还有电流检测等单元，组成

保护。在开环变频调速系统中，速度（频率）指令可通过电位器、模拟电压等形式输入给DSP；将速度指令转换为频率、幅值、可变的电机定子电压与电流，以控制电机的转速。

图1-2 开环V/F变频调速系统

1．频率给定

在使用一台变频器的时候，目的是通过改变变频器的输出频率，即改变变频器驱动电动机的供电频率从而改变电动机的转速。如何调节变频器的输出频率呢？关键是首先向变频器提供改变频率的命令信号，这个信号，就称为"频率给定信号"。所谓频率给定方式，就是调节变频器输出频率的具体方法，也就是提供给定信号的方式。变频器常见的频率给定方式主要有操作器键盘给定、接点信号给定、模拟信号给定、脉冲信号给定和通信方式给定等。这些频率给定方式各有特点，必须按照实际的需要进行选择设置，同时也可以根据功能需要选择不同频率给定方式之间的叠加和切换。

2．V/F控制

在进行电动机调速时，通常要考虑的一个重要因素是保持电动机中每极磁通量为额定值。如果磁通量太小，则电动机的出力不够；如果过分增大磁通量，又会使铁心饱和，过大的励磁电流会使绕组过热，从而损坏电动机。V/F控制是使变频器的输出在改变频率的同时也改变电压，通常是使V/F为常数，这样可使电动机磁通保持一定，在较宽的调速范围内，电动机的转矩、功率、功率因数不下降。

3．PWM调制

变频器的调制方式为PWM（脉宽调制）。PWM（脉宽调制）是保持整流得到的直流、电压幅值不变的条件下，以一定的规律，在改变输出频率的同时，通过改变输出脉冲的宽度，来达到改变等效输出电压的一种方式。PWM是一种调制方式来控制逆变模块的通断，PWM的一个优点是从处理器到被控系统信号都是数字形式的，无须进行数－模转换。让信号保持为数字形式可将噪声影响降到最小。

4．功率放大

目前功率放大的开关器件主要采用大功率晶体管IGBT，大功率晶体管一般被称为电力电子器件，可通过小功率信号控制功率电子器件开关工作，通过功率电子器件为负载提供大功率的输出。一般来说，功率器件通常工作于高电压、大电流的条件下，普遍具备耐压高，工作电流大，自身耗散功率大等特点，因此在使用时与一般小功率器件存在一定差别。

功率器件从整体上可以分为不可控器件、半可控器件和全可控器件。不可控器件导通和关断无法通过控制信号进行控制，完全由其在电路中所承受的电流、电压情况决定，属于自然导通和自然关断，包括功率二极管；半可控器件指能用控制信号控制导通，但不能控制关断，关断只能由其在主电路中承受的电压、电流情况决定，属于自然关断，包括晶闸管（SCR）和由其派生出来的可控双向晶闸管（TRIAC）。全可控器件指能使用控制信号控制其导通和关断的器件，包括功率三极管（GTR）、功率场效应管（功率MOSFET）、可关断晶闸管（GTO）、绝缘栅双极三极管（IGBT）、MOS控制晶闸管（MCT）、静电感应晶体管（SIT）、静电感应晶闸管（场控晶闸管，SITH）和集成门极换流晶闸管（IGCT）等。

全可控器件从控制形式上还可以分为电流控制型和电压控制型两大类。属于电流控制型的有GTR（功率三极管）、SCR（可控晶闸管）、TRIAC（可控双向晶闸管）、GTO（可关断晶体管）

等；属于电压控制型的有功率 MOSFET、IGBT、MCT 和 SIT。

现在的低压变频器中常使用功率二极管用于全桥整流，IGBT 用于逆变，为减小产品体积，常使用将这些元件集成在一起的 PIM 模块组件。

5. 电流检测

变频器电流信号可以用于电机的转矩和电流控制，以及过流保护。其检测方法主要有直接串联取样电阻法、霍尔传感器法。直接串联取样电阻法简单、可靠、不失真、速度快，但是有损耗，不隔离，只适用于小电流且不需要隔离的情况，多用于小容量变频器中。霍尔传感器法具有精度高、线性好、频带宽、响应快、过载能力强和不损失测量电路能量等优点。

深圳市汇川技术股份有限公司的主要产品包括低压变频器、一体化及专机、伺服系统、PLC、高压变频器、电动汽车驱动器、光伏逆变器、TDS 等，其中在低压变频器市场的占有率在国产品牌厂商中名列前茅。本项目以汇川新产品 MD380 变频器为例，来介绍变频器的相关知识。汇川 MD380 变频器的工作原理如图 1-3 所示，对应器件图如图 1-4 所示。变频器输入为交流电，其电压为 U_I，如图 1-3 所示；交流电经 D1～D6（二极管）组成的三相整流桥整流以及电容 C1、C2 滤波成直流电压，其电压波形为 U_{DC}；直流电压再经过 VT1～VT6(IGBT) 及续流二极管组成的逆变单元逆变成频率可调、电压幅值可调的交流电压，其电压波形 U_O 为脉宽调制波。

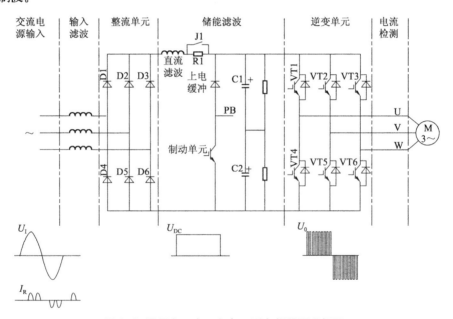

图 1-3 通用交 - 直 - 交电压型变频器原理框图

整流模块

储能滤波模块

逆变单元

图 1-4 电路模块实物图

3 学习MD380变频器各组成部分及功能

1．整流桥

整流部分由 6 只二极管组成三相整流桥，将电源的三相交流电压整流成直流电压。若电源的线电压为 U_L，则三相全波整流后平均直流母线电压 U_D 的大小为：$U_D=1.35U_L$。

我国三相电源的线电压为 380 V，故全波整流后的平均电压：$U_D=1.35\times380\,V=513\,V$。

2．滤波电容器C1、C2

滤波电容器的功能是：滤平全波整流后的电压纹波；当负载变化时，使直流电压保持平稳。

3．缓冲电阻R1与接触器触点开关J1

在变频器上电的瞬间，滤波电容 C1、C2 上的充电电流比较大。过大的冲击电流将可能导致三相整流桥损坏；同时，也使输入电源电压瞬间下降而畸变。为了减小冲击电流，在变频器刚接通电源的一段时间里，电路内串入缓冲电阻 R1，形成 RC 电路，以使电容器 C1、C2 上的冲击电流得到缓冲。当滤波电容器 C1、C2 充电电压达到一定程度时（80%），令 J1 接通，将 R1 短路掉。

4．逆变模块

逆变模块由 6 只IGBT 管和六只续流二极管（内置于 IGBT 内站）组成。通过控制 IGBT 管的开关顺序和开关时间，变频器将直流电压逆变成频率、电压可调的交流电压，电压波形为脉宽调制波。

IGBT（Insulated Gate Bipolar Transistor，绝缘栅双极型晶体管）：IGBT 可以满足变频器高开关频率、高耐压和大容量的要求，一般开关频率可以达到 20 000 次 /s，器件的开通时间和关闭时间一般为几百纳秒。当正电压（一般为 15V）加到 IGBT 的栅极时，IGBT 开通，电流可以在集电极与发射极之间流动；当栅极的正电压撤消后，IGBT 被关闭，为了防止 IGBT 开通，一般在需要关闭 IGBT 时，给栅极一个小的负电压（一般为 −15 V）。IGBT 管电气符号和实物图如图 1−5 所示。

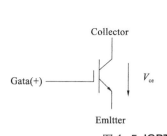

图 1−5 IGBT 电气符号图和实物图

5．逆变驱动与保护电路

该电路将 DSP 产生的 PWM 控制信号，经过光耦隔离，电平放大后，分别送给 6 只逆变桥臂的 IGBT 栅极，控制其开关动作，三相逆变桥的 6 个桥臂上设有过流检测电路，过流信号经过隔离后送组 DSP，用于及时保护响应处理，保护器件的安全。

6．电机调速原理

变频器是一种控制交流电机运转的控制器。它把固定频率（我国为 50 Hz）的交流电源变成频率电压可调的交流电源，从而控制电机的转速。

异步电机转速公式如下：

$$n=\frac{60f}{p}(1-s)$$

式中：n——电机转速，r/min；

　　　f——电源频率，Hz；

　　　p——电机磁极对数；

　　　s——转差率。

变频器综合了电子技术、电机控制、计算机技术、控制技术等多种技术为一体，是一种广泛应用于各行各业的电力电子设备，它通过控制电机的旋转频率来满足各行业的需求，因此它的英文缩写为 MDI，即 Motor Drive Inverter。

7. 变频器基本结构和外观（见图1-6）

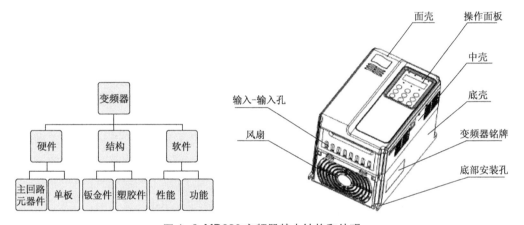

图 1-6 MD380 变频器基本结构和外观

▶ 任务3 了解变频器内部结构

各厂家生产的通用变频器，其主电路结构和控制电路并不完全相同，但基本的构造原理和主电路连接方式以及控制电路的基本功能都大同小异。

任务目标

（1）熟悉 MD380 变频器的扩展插槽和外部接口；

（2）掌握 MD380 控制板和驱动板的构成；

（3）了解汇川 MD380 变频器的保护措施。

工作内容

MD380 变频器具有丰富的可扩展能力和外部端子接口；MD380 变频器控制板包括工作电源接口、键盘接口、DSP 芯片、PG 卡接口、扩展卡接口、驱动信号和保护信号通信接口、外引键盘接口、控制板接线端子等；MD380 变频器驱动板包括直线母线滤波电容、电源开关管、上电缓冲继电器、上电缓冲电阻、母线浪涌吸收电容器、主回路接线端子、输出电流检测分

流器、PG 卡插座、逆变 IGBT 上下桥驱动光耦合器、制动 IGBT 光耦合器、控制板驱动板连接插座、控制板与 DSP 板通信插座、风启插座等。

任务实施

汇川公司 MD380 型号变频器具有丰富的可扩展能力和外部端子接口，根据用户不同的需求，PG 卡接口可以外接 UVW 差分 PG 卡、差分 PG 卡、旋转变压器卡、开路集电极 PG 卡等，扩展卡接口可接 MD38IO1、MD38CAN1、MD38DP、MD38PC1 等，如图 1-7 所示。

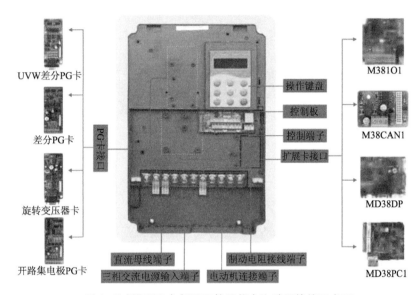

图 1-7 MD380 变频器可扩展能力和端子接线示意图

1 了解MD380变频器控制板

变频器工作主要依靠控制板和驱动板，下面以 MD380 为例来进行介绍。首先介绍控制板组成，正面部分包括驱动板提供控制板工作电源接口、键盘接口、DSP 芯片、PG 卡接口、扩展卡接口、驱动信号和保护信号通信接口、外引键盘接口、控制板接线端子等，如图 1-8 所示。

下面来介绍各接口插头引脚的含义，J11 接口如图 1-9 所示，各引脚定义功能如下：

1pin：向外提供 +24 V 电源。

2pin：向外提供 +24 V 的电源地 COM。

3pin，4pin，23pin，25pin，36pin，27pin，30pin，31pin，32pin：空脚。

5pin（IU）、6pin（IV）：UV 输出电流检测。

7pin（VCE）：IGBT 模块直通保护检查，控制板要求：正常时为高，故障时为低。

8pin（VCC）：+5 V；14pinVCC=+5 V。

9pin：+15 V。

10pin：−15 V。

项目 1

学习变频器工作原理

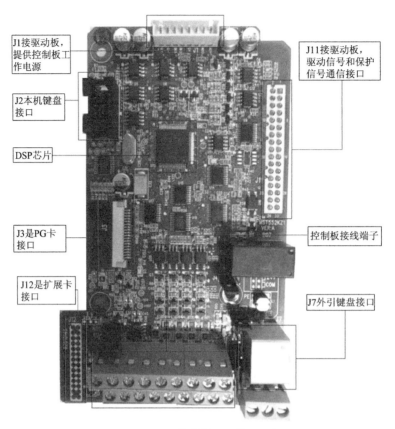

J1接驱动板，提供控制板工作电源

J2本机键盘接口

DSP芯片

J3是PG卡接口

J12是扩展卡接口

J11接驱动板，驱动信号和保护信号通信接口

控制板接线端子

J7外引键盘接口

图1-8 MD380 控制板正面接口示意图

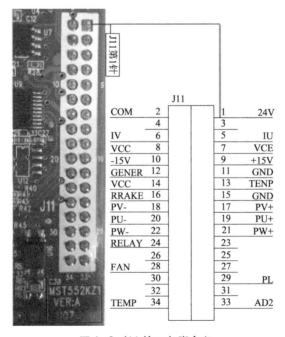

J11第1针

	J11			
COM	2	1	24V	
	4	3		
IV	6	5	IU	
VCC	8	7	VCE	
-15V	10	9	+15V	
GENER	12	11	GND	
VCC	14	13	TENP	
RRAKE	16	15	GND	
PV-	18	17	PV+	
PU-	20	19	PU+	
PW-	22	21	PW+	
RELAY	24	23		
	26	25		
FAN	28	27		
	30	29	PL	
	32	31		
TEMP	34	33	AD2	

图1-9 J11 接口各脚含义

11pin：GND；15pin：GND。

12pin（GENER）：直流母线电压检查（3.3 V 对应 1 000V 母线电压）。

13pin（TEMP）：模块温度检测。

16pin（BRAKE）：制动单元 IGBT 驱动电压，制动开通时为低，关断时为高（当直流母线电压到达 700 V 开通）。

17pin（PV+），18pin（PV−），19pin（PU+），20pin（PU−），21pin（PW+），22pin（PW−）：六路逆变 IGBT 驱动电压，驱动波形如图 1−10 所示。

24pin（RELAY）：继电器吸合驱动电压，继电器吸合时为低，断开时为高。

28pin（FAN）：风扇驱动电压，风扇转时为低，风扇停止时为高。

29pin（PL）：接触器吸合异常或三相输入电压不平衡检查信号，当 PL 为高电平时故障，低电平时正常。

33pin（AD2）：预留。

34pin（TEMP）：模块温度检测（FF−01 机型设定 ≥ 41 的温度检测为 34pin，≤ 40 的为 13pin）。

J1、J2、J3、J7、J12 引脚定义如图 1−11 至图 1−15 所示。

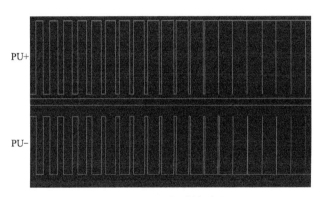

图 1−10 驱动波形图

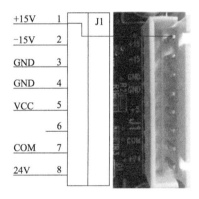

图 1−11 J1 接口各脚含义

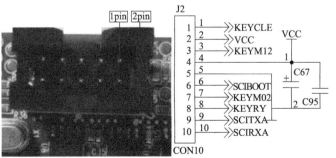

图 1−12 J2 接口各脚含义

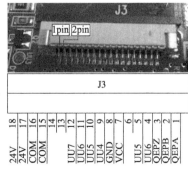

图 1−13 J3 接口各脚含义

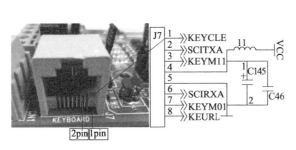

图 1-14 J7 接口各脚含义

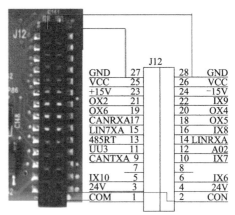

图 1-15 J12 接口各脚含义

② 了解MD380变频器驱动板

驱动板正面包括驱动板直线母线滤波电容器、电源开关管、上电缓冲继电器、上电缓冲电阻器、母线浪涌吸收电容器、主回路接线端子、输出电流检测分流器、PG 卡插座、逆变IGBT 上下桥驱动光耦合器、制动 IGBT 光耦合器、控制板驱动板连接插座、控制板与 DSP 板通信插座、风启插座等组成，如图 1-16 所示。

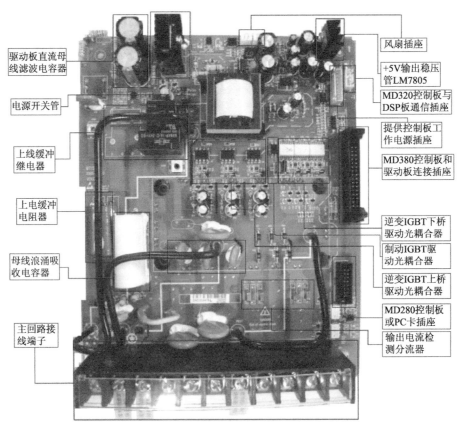

图 1-16 MD380 驱动板器件说明

3 了解MD380变频器保护措施

变频器输入电源一般都是直接取自电网电压，而工业电网电压含有很多"噪声污染"，有时候还会有异常高压（比如雷击），这些噪声及高压会严重影响变频器的正常工作，严重甚至会造成变频器损坏，针对这种情况，变频器内部一般都会采取相应的保护措施，汇川变频器这方面的保护措施具体如下：

（1）电网噪声会随 R/S/T 输入电源串入变频器干扰变频器的正常工作，另外，变频器它本身也是一个"干扰源"，因为内部 IGBT 工作在很高的开关频率下（载频一般在几千赫），会产生高频谐波，这些高频谐波也会通过母线串入电网干扰其他设备的正常工作。鉴于此，变频器在 R/S/T 三相输入电源与地（机壳 PE）之间都加一个安规电容器，安规电容器可以有效去掉干扰，如图 1-17 所示。

（2）另外在一些雨季时节或雷电频发处，会经常出现打雷，雷击高压有可能通过 R/S/T 输入电源串入变频器，如果变频器输入侧没加相应保护的话很容易造成整流桥炸或开关电源烧坏。鉴于此，在 R/S/T 三相输入之间各加了一个压敏电阻器。压敏电阻器的保护原理是：正常情况下（比如相间电压 380V）压敏电阻器阻值无穷大，呈开路特性，此时压敏电阻器不起任何作用，也不影响变频器工作；当相间电压忽然串入一个瞬时高压时（比如上千伏），此时压敏电阻器阻值立刻变得很小，几乎呈短路状态，这时高压产生的大电流通过压敏电阻器形成回路滤掉了，而不会进入变频器内部，所以起到了保护变频器内部器件的作用。压敏电阻如图 1-17 所示，对应电路图如图 1-18 所示。

图 1-17 驱动板上的压敏电阻器和安规电容器（以 MT153QD 为例）

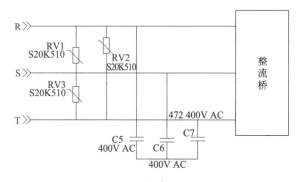

图 1-18 变频器输入侧电路

 任务4 了解变频器产品与性能

变频器在使用过程中带动的是电机，所以，变频器的选型可以从电机的角度来考虑。下面一起来了解。电机的各项规格参数。

任务目标

(1) 熟悉汇川变频器命名规格和铭牌；

(2) 了解 MD380 变频器的技术规范。

工作内容

了解汇川变频器命名规格和铭牌、MD380 变频器的技术规范，以及三相 MD380 变频器的接线方法。

任务实施

1 了解汇川变频器命名

汇川变频器命名规则如图 1-19 所示，包含了变频器系列、电压等级、适配电机功率、机型及制动单元等信息，铭牌如图 1-20 所示。

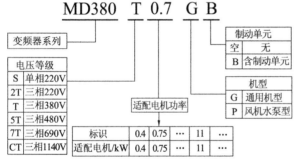

图 1-19 命名规格   图 1-20 铭牌

2 了解变频器的技术规范

MD380 变频器系列包括 S、2T、T、5T、7T、CT 六个电压等级，各个电压等级变频器技术数据如表 1-1 所示。

表 1-1　MD380 变频器型号与技术数据

变频器型号	电源容量/(kV·A)	输入电流/A	输出电流/A	适配电机/kW (HP)	
单相电源：220V，50Hz/60Hz					
MD380S0.4GB	1	5.4	2.3	0.4	0.5
MD380S0.7GB	1.5	8.2	4	0.75	1
MD380S1.5GB	3	14	7	1.5	2
MD380S2.2GB	4	23	9.6	2.2	3
三相电源：220V，50Hz/60Hz					

变频器型号		电源容量/(kV·A)	输入电流/A	输出电流/A	适配电机/kW (HP)	
MD380−2T0.4GB		1.5	3.4	2.1	0.4	0.5
MD380−2T0.75GB		3	5	3.8	0.75	1
MD380−2T1.5GB		4	5.8	5.1	1.5	2
MD380−2T2.2GB		5.9	10.5	9	2.2	3
MD380−2T3.7GB		8.9	14.6	13	3.7	5
MD380−2T5.5GB		17	26	25	5.5	7.5
MD380−2T7.5GB		21	35	32	7.5	10
MD380−2T11G		30	46.5	45	11	15
MD380−2T15G		40	62	60	15	20
MD380−2T18.5G		57	76	75	18.5	25
MD380−2T22G		69	92	91	22	30
MD380−2T30G		85	113	112	30	40
MD380−2T37G		114	157	150	37	50
MD380−2T45G		134	180	176	45	60
MD380−2T55G		160	214	210	55	75
MD380−2T75G		231	307	304	75	100
三相电源：380V，50Hz/60Hz						
MD380T0.7GB		1.5	3.4	2.1	0.75	1
MD380T1.5GB		3	5	3.8	1.5	2
MD380T2.2GB		4	5.8	5.1	2.2	3
MD380T3.7GB		5.9	10.5	9	3.7	5
MD380T5.5GB	MD380T5.5PB	8.9	14.6	13	5.5	7.5
MD380T7.5GB	MD380T7.5PB	11	20.5	17	7.5	10
MD380T11GB	MD380T11PB	17	26	25	11	15
MD380T15GB	MD380T15PB	21	35	32	15	20
MD380T18.5G	MD380T18.5PB	24	38.5	37	18.5	25
MD380T22G	MD380T22P	30	46.5	45	22	30
MD380T30G	MD380T30P	40	62	60	30	40
MD380T37G	MD380T37P	57	76	75	37	50
MD380T45G	MD380T45P	69	92	91	45	60
MD380T55G	MD380T55P	85	113	112	55	75
MD380T75G	MD380T75P	114	157	150	75	100
MD380T90G	MD380T90P	134	180	176	90	125
MD380T110G	MD380T110P	160	214	210	110	150
MD380T132G	MD380T132P	192	256	253	132	200
MD380T160G	MD380T160P	231	307	304	160	250

项目 1 学习变频器工作原理

变频器型号		电源容量/(kV·A)	输入电流/A	输出电流/A	适配电机/kW（HP）	
MD380T200G	MD380T200P	250	385	377	200	300
MD380T220G	MD380T220P	280	430	426	220	300
MD380T250G	MD380T250P	355	468	465	250	400
MD380T280G	MD380T280P	396	525	520	280	370
MD380T315G	MD380T315P	445	590	585	315	500
MD380T355G	MD380T355P	500	665	650	355	420
MD380T400G	MD380T400P	565	785	725	400	530
MD380T450P		630	883	820	450	600
三相电源：480V，50Hz/60Hz						
MD380—5T0.7GB		1.5	3.4	2.1	0.75	1
MD380—5T1.5GB		3	5	3.8	1.5	2
MD380—5T2.2GB		4	5.8	5.1	2.2	3
MD380—5T3.7GB		5.9	10.5	9	3.7	5
MD380—5T5.5GB	MD380—5T5.5PB	8.9	14.6	13	5.5	7.5
MD380—5T7.5GB	MD380—5T7.5PB	11	20.5	17	7.5	10
MD380—5T11GB	MD380—5T11PB	17	26	25	11	15
MD380—5T15GB	MD380—5T15PB	21	35	32	15	20
MD380—5T18.5G	MD380—5T18.5PB	24	38.5	37	18.5	25
MD380—5T22G	MD380—5T22P	30	46.5	45	22	30
MD380—5T30G	MD380—5T30P	40	62	60	30	40
MD380—5T37G	MD380—5T37P	57	76	75	37	50
MD380—5T45G	MD380—5T45P	69	92	91	45	60
MD380—5T55G	MD380—5T55P	85	113	112	55	70
MD380—5T75G	MD380—5T75P	114	157	150	75	100
MD380—5T90G	MD380—5T90P	134	180	176	90	125
MD380—5T110G	MD380 5T110P	160	214	210	110	150
MD380—5T132G	MD380—5T132P	192	256	253	132	175
MD380—5T160G	MD380—5T160P	231	307	304	160	210
MD380—5T200G	MD380—5T200P	250	385	377	200	260
MD380—5T220G	MD380—5T220P	280	430	426	220	300
MD380—5T250G	MD380—5T250P	355	468	465	250	350
MD380—5T280G	MD380—5T280P	396	525	520	280	370
MD380—5T315G	MD380—5T315P	445	590	585	315	420
MD380—5T355G	MD380—5T355P	500	665	650	355	470
MD380—5T400G	MD380—5T400P	565	785	725	400	530
MD380—5T450P		630	883	820	450	600

变频器型号		电源容量 /(kV·A)	输入电流 /A	输出电流 /A	适配电机 /kW (HP)	
三相电源：690V，50Hz/60Hz						
MD380−7T55G		84	70	65	55	70
MD380−7T75G	MD380−7T75P	107	90	86	75	100
MD380−7T90G	MD380−7T90P	125	105	100	90	125
MD380−7T110G	MD380−7T110P	155	130	120	110	150
MD380−7T132G	MD380−7T132P	192	170	150	132	175
MD380−7T160G	MD380−7T160P	231	200	175	160	210
MD380−7T200G	MD380−7T200P	250	235	215	200	260
MD380−7T220G	MD380−7T220P	280	247	245	220	300
MD380−7T250G	MD380−7T250P	355	265	260	250	350
MD380−7T280G	MD380−7T280P	396	305	299	280	370
MD380−7T315G	MD380−7T315P	445	350	330	315	420
MD380−7T355G	MD380−7T355P	500	382	374	355	470
MD380−7T400G	MD380−7T400P	565	435	410	400	530
MD380−7T450G	MD380−7T450P	630	490	465	450	600
MD380−7T500G	MD380−7T500P	700	595	550	500	660
MD380−7T560P		784	605	575	560	750
三相电源：1 140 V，50Hz/60Hz						
MD380−CT37G		57	25.7	25	37	50
MD380−CT45G		69	30.9	30	45	60
MD380−CT55G		85	38.2	37	55	70
MD380−CT75G		114	51.5	50	75	100
MD380−CT90G		134	60.8	59	90	125
MD380−CT110G		160	72.1	70	110	150
MD380−CT132G		192	93.8	91	132	175
MD380−CT180G		240	120.6	117	180	230
MD380−CT200G		250	134	130	200	260
MD380−CT220G		280	152.5	148	220	300
MD380−CT250G		355	161.7	157	250	350
MD380−CT280G		396	186.5	181	280	370
MD380−CT315G		445	206	200	315	420
MD380−CT355G		500	232.8	226	355	470
MD380−CT400G		565	255.5	248	400	530
MD380−CT450G		630	289.5	281	450	600
MD380−CT500G		700	343	333	500	660
MD380−CT560G		784	358.5	348	560	750
MD380−CT630G		882	412	400	630	840

汇川变频器技术规范,包含基本功能、个性化功能、运行、显示与键盘操作、环境等五大部分。基本功能包括最高频率、载波频率、输入频率分辨率、控制方式、启动转矩、调速范围、稳速精度、转矩控制精度、过载能力、转矩提升、V/F 曲线、V/F 分离、加减速曲线、直流制动、点动控制、多段速运行、内置 PID、自动电压调整、过压过流失速控制、快速限流功能、转矩限定与控制等内容;个性化功能包括出色的性能、瞬停不停、快速限流、虚拟 I/O、定时控制、多电机切换、多线程总线支持、电机过热保护、多编码器支持、用户可编程、强大的后台软件等内容;运行包括命令源、频率源、辅助频率源、输入端子、输出端子等内容;显示与键盘操作包括 LED 显示、LCD 显示、参数复制、按键锁定和功能选择、保护功能、选配件等内容;环境包括使用场所、海拔高度、环境温度、湿度、振动、存储温度等内容,见表 1-2。

表 1-2 变频器技术规范

项　　目		规　　格	
基本功能	最高频率	矢量控制:0 ～ 300 Hz V/F 控制:0 ～ 3 200 Hz	
	载波频率	0.5 ～ 16kHz 可根据负载特性,自动调整载波频率	
	输入频率分辨率	数字设定:0.01Hz 模拟设定:最高频率 ×0.025%	
	控制方式	开环矢量控制 (SVC) 闭环矢量控制 (FVC) V/F 控制	
	启动转矩	G 型机:0.5Hz/150% (SVC);0Hz/180% (FVC) P 型机:0.5Hz/100%	
	调速范围	1 ∶ 100 (SVC)	1 ∶ 1000 (FVC)
	稳速精度	±0.5% (SVC)	±0.02% (FVC)
	转矩控制精度	±5% (FVC)	
	过载能力	G 型机:150% 额定电流 60s;180% 额定电流 3s P 型机:120% 额定电流 60s;150% 额定电流 3s	
	转矩提升	自动转矩提升;手动转矩提升 0.1% ～ 30.0%	
	V/F 曲线	3 种方式:直线型;多点型;N 次方型 V/F 曲线 (N=1.2、1.4、1.6、1.8、2)	
	V/F 分离	2 种方式:全分离、半分离	
	加减速曲线	直线或 S 曲线加减速方式 4 种加减速时间,加减速时间范围 0.0 ～ 6500.0 s	
	直流制动	直流制动频率:0.00Hz 至最大频率 制动时间:0.0 ～ 36.0 s 制动作电流值:0.0% ～ 100.0%	
	点动控制	点动频率范围:0.00 ～ 50.00 Hz 点动加减速时间 0.0 ～ 6500.0 s	
	简易 PLC、多段速运行	通过内置 PLC 或控制端子实现最多 16 段速运行	
	内置 PID	可方便实现过程控制闭环控制系统	
	自动电压调整 (AVR)	当电网电压变化时,能自动保持输出电压恒定	
	过压过流失速控制	对运行期间电流电压自动限制,防止频繁过流过压跳闸	
	快速限流功能	最大限度减小过流故障,保护变频器正常运行	
	转矩限定与控制	"挖土机"特性,对运行期间转矩自动限制, 防止频繁过流跳闸;闭环矢量模式可实现转矩控制	

项　目		规　格
个性化功能	出色的性能	以高性能的电流矢量控制技术实现异步电机和同步电机控制
	瞬停不停	瞬时停电时通过负载回馈能量补偿电压的降低，维持变频器 短时间内继续运行
	快速限流	避免变频器频繁的出现过流故障
	虚拟 I/O	五组虚拟 DIDO，可实现简易逻辑控制
	定时控制	定时控制功能：设定时间范围 0.0 ～ 6500.0 min
	多电机切换	四组电机参数，可实现四个电机切换控制
	多线程总线支持	支持四种现场总线：RS-485、Profibus-DP、CANlink、CANopen
	电机过热保护	选配 I/O 扩展卡 1，模拟量输入 AI3 可接受电机温度传感器输入（PT100、PT1000）
	多编码器支持	支持差分、开路集电极、UVW、旋转变压器、正余弦等编码器
	用户可编程	选配用户可编程卡，可以实现二次开发，编程方式兼容汇川公司的 PLC
	强大的后台软件	支持变频器参数操作及虚拟示波器功能 通过虚拟示波器可实现对变频器内部状态的图形监视
运行	命令源	操作面板给定、控制端子给定、串行通信口给定 可通过多种方式切换
	频率源	10 种频率源：数字给定、模拟电压给定、模拟电流给定、脉冲给定、串行口给定。 可通过多种方式切换
	辅助频率源	10 种辅助频率源。可灵活实现辅助频率微调、频率合成
	输入端子	标准： 5 个数字输入端子，其中 1 个支持最高 100 kHz 的高速脉冲输入 2 个模拟量输入端子，1 个仅支持 0 ～ 10 V 电压输入，1 个支持 0 ～ 10 V 电压输入 或 4 ～ 20 mA 电流输入 扩展能力： 5 个数字输入端子 1 个模拟量输入端子，支持 –10 ～ 10 V 电压输入，且支持 PT100/PT1000
	输出端子	标准： 1 个高速脉冲输出端子（可选为开路集电极式），支持 0 ～ 100 kHz 的方波信号输出 1 个数字输出端子 1 个继电器输出端子 1 个模拟输出端子，支持 0 ～ 20 mA 电流输出或 0 ～ 10 V 电压输出 扩展能力： 1 个数字输出端子 1 个继电器输出端子 1 个模拟输出端子，支持 0 ～ 20 mA 电流输出或 0 ～ 10 V 电压输出
显示与键盘操作	LED 显示	显示参数
	LCD 显示	可选件，中 / 英文提示操作内容
	参数拷贝	可通过 LCD 操作面板选件实现参数的快速复制
	按键锁定和功能选择	实现按键的部分或全部锁定，定义部分按键的作用范围，以防止误操作
	保护功能	上电电机短路检测、输入输出缺相保护、过流保护、过压保护、欠压保护、过热保护、 过载保护等
	选配件	LCD 操作面板、制动组件、IO 扩展卡 1、IO 扩展卡 2、用户可编程卡、RS-485 通讯卡、Profibus-DP 通信卡、CANlink 通信卡、CANopen 通信卡、差分输入 PG 卡、UVW 差分输入 PG 卡、旋转变压器 PG 卡、OC 输入 PG 卡

续表

项　目		规　格
环境	使用场所	室内，不受阳光直晒，无尘埃、腐蚀性气体、可燃性气体、油雾、水蒸气、滴水或盐分等
	海拔	低于 1 000 m
	环境温度	－ 10 ～＋ 40 ℃（环境温度在 40 ～ 50 ℃，请降额使用）
	湿度	小于 95%RH，无水珠凝结
	振动	小于 5.9 m/s²
	存储温度	－ 20 ～＋ 60 ℃

3 了解汇川各变频器系列

汇川公司在售的变频器有多个系列，例如 MD380、MD380M、MD500、MD280、MD210、MD310 等等，不同系列是基于某个变频器平台技术，按不同行业应用目标和市场定位，加入对应的工艺控制功能，形成一个产品系列，在其系列中，按功率大小、需求开发成多个机型，汇川产品以突出行业应用为竞争点。

MD320 系列是汇川最早的矢量型通用变频器系列，也是国内少数市售的矢量机型，以产品性能优异、稳定可靠，赢得市场认可，基于这一产品平台，衍生出 MD300 经济型系列。以适应更多用户的成本要求。

目前在售的 MD380 系列是 MD320 的升级换代系列，增加了对多电机驱动系列的支持，同时增加了更多的功能扩展卡及通信接口的支持，按不同功率等级划分，该系列总共有 60 余个功率型号，基于这一产品平台，开发出了性价比更高的 MD210、MD310 系列，以及应用于机床主轴传动的 MD380M 系列。

MD280 系列是一个仅有 V/F 控制模式的变频器系列，具有价格优势，主要是满足普通调速功能的客户需求，该系列的升级系列是 MD290 系列，目前正处于研发完善阶段。

MD500 系列是一个全新设计的矢量变频器系列，显著的特点是功率密度提升，与 MD380 系列同功率机型相比，体积缩小 30%，同时加强了对永磁同步电机的支持，网络通信功能增强。目前一部分功率等级的机型已上市销售，待所有功率等级完善后，将作为 MD380 系列的升级系列。

由上述简介可知，MD380 系列是目前多个系列变频器的技术平台，用户掌握了 MD380 使用方法后，可以迅速掌握其他系列的使用。比如 MD210、MD310、MD380M、MD500 系列变频器的功能码设置方法与 MD380 基本一致。而 MD280 是经济型系列产品，其功能的设置方法与 MD380 系列有所差异。

练习与提高

1. 简述变频器的发展现状与趋势。
2. 汇川变频器的内部结构主要由哪些组成？
3. 简述汇川变频器工作原理。
4. 什么是大功率晶体管？它可分为哪些种类？各种晶体管的特点和应用场合是什么？
5. 汇川变频器控制板和驱动板由哪些部分组成？
6. 汇川变频器命名规则包括哪些内容？

项目2

变频器的连接技术

▶ 任务1 学习主回路连接技术

任务目标

(1) 熟悉变频调速系统的硬件;

(2) 能够连接变频器主回路;

(3) 能够选择变频器主回路器件。

工作内容

熟悉变频调速系统的组成、MD380 变频器的主回路端子及其接线、三相 MD380 变频器的主回路设计。

变频器的连接技术是变频器应用、调试、维修的重要内容。设计正确、合理的连接电路,不仅是实现变频器功能的前提,而且也是控制系统各部件间动作协调的要求,它还直接关系到调速系统长期运行的稳定性与可靠性。本项目将对此进行专门学习。

任务实施

1 熟悉变频调速系统组成

变频调速系统硬件的一般组成如图 2-1 所示。由于变频器在设计时已经考虑了产品的通用性,在最低配置时只要连接电机就可以进行正常工作，因此，硬件应根据系统的实际要求酌情选用。

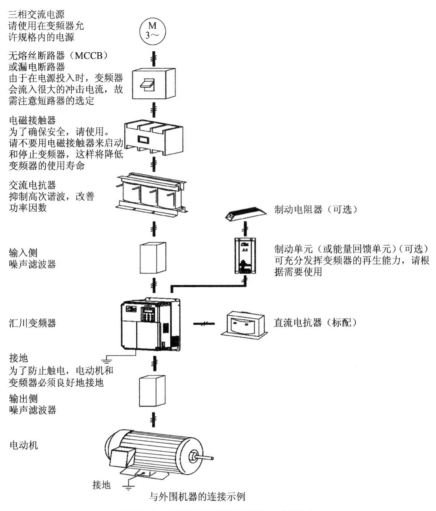

三相交流电源
请使用在变频器允
许规格内的电源

无熔丝断路器（MCCB）
或漏电断路器
由于在电源投入时，变频器
会流入很大的冲击电流，故
需注意短路器的选定

电磁接触器
为了确保安全，请使用。
请不要用电磁接触器来启动
和停止变频器，这样将降低
变频器的使用寿命

交流电抗器
抑制高次谐波，改善
功率因数

制动电阻器（可选）

输入侧
噪声滤波器

制动单元（或能量回馈单元）（可选）
可充分发挥变频器的再生能力，请根
据需要使用

汇川变频器

直流电抗器（标配）

接地
为了防止触电，电动机和
变频器必须良好地接地

输出侧
噪声滤波器

电动机

接地

与外围机器的连接示例

图 2-1　变频调速系统硬件的一般组成

变频器调速系统组成部件的作用与功能如下：

（1）显示与操作单元：用操作面板，可对变频器进行功能参数修改、变频器工作状态监控和变频器运行控制（启动、停止等操作）。

（2）无熔丝断路器或漏电断路器：用于变频器主回路的短路保护。变频器内部一般无主回路短路保护器件，为防止整流、逆变功率器件故障引起的电源短路，必须在输入侧安装断路器或熔断器。

（3）电磁接触器：变频器原则上只要主电源加入便可工作，也不允许通过主接触器来频繁控制电动机的启停，故从正常工作的角度主回路可以不加主接触器。但对带有外接制动电阻器的变频器来说，必须在制动电阻单元安装温度检测器件，并能通过主接触器切断主电源。

（4）交流电抗器：交流电抗器用来抑制变频器产生的高次谐波，提高功率因数，减小谐波影响。变频器在谐波要求很高的用电环境下使用，或供电线路存在带有回馈制动功能的变频器与伺服变频器时，或供电线路安装有功率因数补偿电容器等可能产生浪涌电流的场合，应选配交流电抗器。

（5）滤波器：变频器在电磁干扰要求较高的环境下使用时，为了降低电磁干扰，可在电源进线、变频器输出（电枢连接线）上安装无线滤波器（零相电抗器）或滤波器模块。

（6）直流电抗器：直流电抗器用来抑制直流母线上的高次谐波与浪涌电流，减小整流、逆变功率管的冲击电流，提高变频器功率因数。变频器在按规定安装直流电抗器后，对输入电源容量的要求可以相应减少 20% ～ 30%。

（7）外接制动单元与外接电阻器：当电机需要频繁启动 / 制动或是负载产生制动能量很大的合力，为了加快制动速度，降低变频器发热，应选配制动电阻。

（8）瞬时停电补偿单元：瞬时停电补偿单元连接于直流母线上，它可利用大容量的电容器，在瞬时停电时使直流母线电压能保持 2 s 以上。

❷ 熟悉主回路连接技术

目前市场常用的汇川变频器中，MD380S 系列使用单相 AC 200 V 输入，0.4 ～ 2.2 kW；MD380-2T 系列使用三相 AC 200 V，0.4 ～ 75 kW；MD380T 系列使用三相 AC 380 V 输入，0.75 ～ 400 kW；MD380 5T 系列使用三相 AC 480 V 输入，0.75 ～ 400 kW；MD380 7T 系列使用三相 AC 690 V 输入，55 ～ 500 kW。变频器主电路端子说明如表 2-1、表 2-2 所示。

表 2-1 单相变频器主回路端子说明

端子标记	名　称	说　明
L1、L2	单相电源输入端子	单相 220V 交流电源连接点
(+)、(−)	直流母线正、负端子	共直流母线输入点
(+)、PB	制动电阻器连接端子	连接制动电阻器
U、V、W	变频器输出端子	连接三相电动机
⏚ (PE)	接地端子	接地端子

表 2-2 三相变频器主回路端子说明

端子标记	名　称	说　明
R、S、T	三相电源输入端子	三相交流电源连接点
(+)、(−)	直流母线正、负端子	共直流母线输入点，37 kW 以上 (220 V 为 18.5 kW 以上) 外置制动单元的连接点
(+)、PB	制动电阻器连接端子	30 kW 以下 (220 V 为 15 kW 以下) 制动电阻器连接点
P 、(+)	外置电抗器连接端子	外置电抗器连接点
U、V、W	变频器输出端子	连接三相电动机
⏚ (PE)	接地端子	接地端子

变频器主回路必须安装短路保护的断路器或熔断器，以防止整流或逆变主回路故障引起的电源短路。此外，为了保证变频器的可靠运行，输入电源的容量、电源连接线的线径应按规定选配。

变频器必须正确连接接地线。100 kW 以下变频器的接地线线径应大于或等于电源连接线的线径；100 kW 以上的变频器的接地线线径必须大于或等于电源连接线线径的 1/2，且不应小于 60 mm²；变频器的接地电阻应小于 10 Ω。

变频器对电源的相序无要求，可以通过改变电机的相序调整电机的转向。

连接电源时要特别注意：变频器的输入电源必须连接到输入端 R、S、T 上，切不可以将其错误地连接到电机输出的接线端 U、V、W 上。

汇川变频器的控制电源与主电源输入端在变频器内部已经直接连接，无控制电源输入端，主电路连接端接线如图 2-2 所示，布局图如图 2-3 所示。

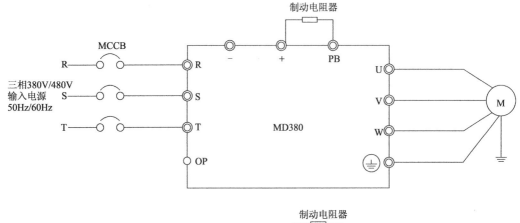

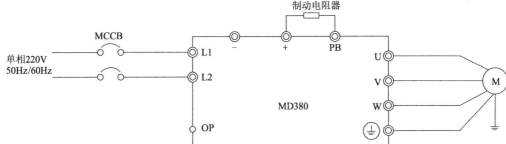

图 2-2 变频器主回路接线

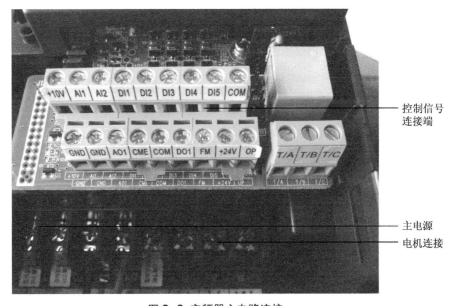

图 2-3 变频器主电路连接

为了对变频器的主电源进行控制，需要在主回路上安装主接触器。主回路的频繁通 / 断将产生浪涌冲击影响变频器使用寿命，因此，主接触器不能用于变频器正常工作时的电机启动，停止控制，通断频率原则上不能超过 30 min/ 次。应将变频器的故障输出触点串联到主接触器的控制线路中，以防止变频器故障时的主电源加入。当多台变频器的输入电源需要同一主接触器控制通断时，必须将各变频器的故障输出触点串联后控制主接触器。

变频器的主回路连接需要注意以下问题：

1）直流母线 (+)、(−)

注意：刚停电后直流母线 (+)、(−) 端子有残余电压，须等 CHARGE 灯熄灭，并确认停电 10 min 后才能进行配线操作，否则有触电的危险。

37 kW 以上（220 V 为 18.5 kW 以上）选用外置制动组件时，注意 (+)、(−) 极性不能接反，否则导致变频器损坏；甚至火灾。

制动单元的配线长度不应超过 10 m。应使用双绞线或紧密双线并行配线。不可将制动电阻器直接接在直流母线上，可能会引起变频器损坏甚至火灾。

2）制动电阻连接端子 (+)、PB

30 kW 以下（220 V 为 15 kW 以下）且确认已经内置制动单元的机型，其制动电阻器连接端子才有效。

制动电阻选型参考推荐值且配线距离应小于 5 m。否则可能导致变频器损坏。

3）外置电抗器连接端子 P、(+)

75 kW 及以上（220 V 为 37 kW 及以上）功率变频器、电抗器外置，装配时把 P、(+) 端子之间的连接片去掉，电抗器接在两个端子之间。

4）变频器输出侧 U、V、W

变频器侧出侧不可连接电容器或浪涌吸收器，否则会引起变频器经常保护甚至损坏。

电机电缆过长时，由于分布电容的影响，易产生电气谐振，从而引起电机绝缘破坏或产生较大过电流使变频器过流保护。电机电缆长度大于 100 m 时，须在变频器附近加装交流输出电抗器。

5）接地端子 PE

端子必须可靠接地，接地线阻值必须少于 4 Ω。否则会导致设备工作异常甚至损坏。不可将接地端子 PE 和电源零线 N 端子共用。

3 熟悉主回路设计

某设备配有两台 MD380T 变频器，主回路短路保护断路器公用，要求各变频器的主电源能够独立通断，试设计其主回路。

当断路器为多台变频器或其他设备共用时，必须在各变频器的主回路上分别安装主接触器，并在主接触器控制线路中串联变频器的故障输出触点。根据这一要求设计的主回路如图 2-4 所示。

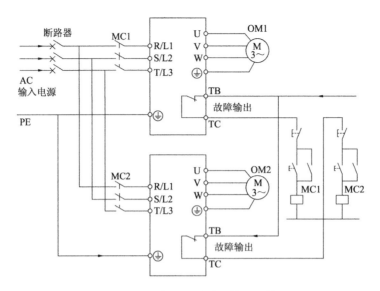

图 2-4 共用断路器时的主接触器控制

汇川 MD380 变频器的连接总图如图 2-5 所示。

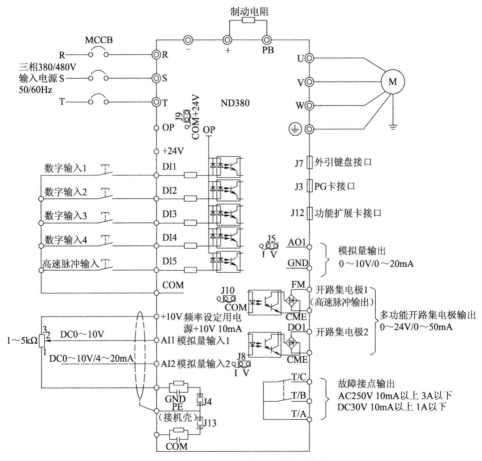

图 2-5 汇川 MD380 变频器的连接总图

 任务2 学习控制回路连接技术

 **任务目标**

（1）能够连接变频器的 DI/DO 信号；

（2）能够连接变频器给定信号；

（3）了解控制系统的连接要求。

工作内容

学习 MD380 变频器的控制电路端子；MD380 变频器 AI/AO 的信号与连接；MD380 变频器的 DI/DO 信号与连接。

任务实施

变频器的控制电路可分为开关量输入 / 输出回路 (DI/DO)、模拟量输入 / 输出 (AI/AO) 两类。在功能较强的变频器上，有时还可使用 1 ～ 2 通道脉冲输入 / 输出 (PI/PO) 辅助控制信号，但其功能通常较简单，一般只能用于与速度（频率）或 PID 调节有关的输入 / 输出。

控制回路端子布置图如图 2-6 所示。注意：MD380 与 MD320N 尽管端子排布一样，但 CME 与 COM，OP 与 +24 V 之间没有短接片，用户分别通过 J10、J9 来选择 CME、OP 的接线方式。控制端子功能说明如表 2-3 所示。

+10V	AI1	AI2	DI1	DI2	DI3	DI4	DI5	COM
GND	GND	AO1	CME	COM	DO1	FM	+24V	OP

T/A	T/B	T/C

图 2-6 控制回路端子布置图

表 2-3 MD380 控制电路端子功能表

类别	端子符号	端子名称	功能说明
电源	+10 V-GND	外接 +10 V 电源	向外提供 +10 V 电源，最大输出电流：10 mA。 一般用作外接电位器工作电源，电位器阻值范围：1 ～ 5 kΩ
	+24 V-COM	外接 +24 V 电源	向外提供 +24 V 电源，一般用作数字输入输出端子工作电源和外接传感器电源，最大输出电流：200 mA
	OP	外部电源输入端子	通过控制板上的 J9 跳线选择与 +24 V 或 COM 连接，出厂默认与 +24 V 连接。当利用外部信号驱动 DI1 ～ DI5 时，OP 需要与外部电源连接，且要拔掉 J9 跳线帽
模拟输入	AI1-GND	模拟量输入端子 1	输入电压范围：DC 0 ～ 10 V。 输入阻抗：22 kΩ
	AI2-GND	模拟量输入端子 2	输入范围：DC 0 ～ 10 V/4 ～ 20 mA，由控制板上的 J8 跳线选择决定。 输入阻抗：电压输入时 22 kΩ，电流输入时 500 Ω
数字输入	DI1-OP	数字输入 1	光耦隔离，兼容双极性输入。 输入阻抗：2.4 kΩ。 电平输入时电压范围：9 ～ 30 V
	DI2-OP	数字输入 2	
	DI3-OP	数字输入 3	
	DI4-OP	数字输入 4	
	DI5-OP	高速脉冲输入端子	除有 DI 1 ～ DI 4 的特点外，还可作为高速脉冲输入通道。最高输入频率：50kHz

类别	端子符号	端子名称	功能说明
模拟输出	AO1—GND	模拟输出1	由控制板上的J5跳线选择决定电压或电流输出。 输出电压范围：0～10 V。 输出电流范围：0～20 mA
数字输出	DO1—CME	数字输出1	光藕隔离，双极性开路集电极输出 输出电压范围：0～24 V 输出电流范围：0～50 mA。 注意：数字输出地CME与数字输入地COM是内部隔离的，但出厂时通过控制板上的J10跳线CME与COM短接（此时DO1默认为+24 V驱动）。当DO1想用外部电源驱动时，必须拔掉J10跳线帽
	FM—CME	高速脉冲输出	受功能码F5-00"FM端子输出方式选择"约束； 当作为高速脉冲输出，最高频率到50kHz； 当作为集电极开路输出，与DO1规格一样
继电器输出	T/A—T/B	常闭端子	触点驱动能力：AC 250 V，3 A，cosφ=0.4，DC 30 V，1 A
	T/A—T/C	常开端子	
辅助接口	J12	功能扩展卡接口	28芯端子，与可选卡（I/O扩展卡、PLC卡、各种总线卡等选配卡）接口
	J3	PG卡接口	可选择：OC、差分、UVW、旋变等接口
	J7	外引键盘接口	外引键盘

1 了解AI/AO信号及其连接

变频器AI/AO为模拟量输入、转出接口，其信号分为模拟电压与模拟电流两类。AI一般用于检测频率给定信号，或检测用于控制的反馈信号主要用来给定或调整变频器的频率、转矩等；AO用来将变频器的内部数据转换为模拟量，作为仪表显示信号等。

1．AI的连接

变频器的AI信号一般有2～3通道，其输入信号的类型（电压或电流）、功能可以通过变频器参数或设定端进行选择，信号可以用来作为频率给定输入、辅助频率输入、PID调节输入、PID反馈输入、转矩给定输入、转矩极限输入、失速防止电流输人等。因微弱的模拟电压信号特别容易受到外部干扰，所以一般需要用屏蔽电缆，而且配线距离尽量短，不要超过20m。屏蔽层应与变频器接地端连接，如图2-7所示。

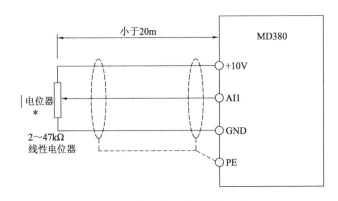

图2-7 模拟量输入端子接线示意图

当 AI 用来作为频率给定输入信号调节电机转速时，称为"主速"输入。主速输入在绝大多数场合都需要连接，且一般应为模拟电压输入。为了便于用户使用无源输入元件（如电位器等），变频器通常可为频率给定电位器提供 DC 0～10 V 电压输出。

在某些模拟信号受到严重干扰的场合，模拟信号源侧须加滤波电容器或铁氧体磁环，如图 2-8 所示。AI 信号的连接方式可以参见连接总图。

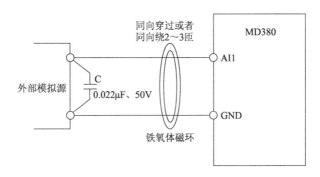

图 2-8 模拟量输入端子接线示意图

2．AO 连接

变频器一般有 1～2 通道的 AO 输出，AO 所指示的信号功能可通过变频器功能码参数来选择，比如可用于指示当前的运行频率或输出电流等，输出类型通常为 DC0～10 V 模拟电压。

通过 AO 信号，可将变频器内部的数据（如输出频率、实际输出电流等），通过 D/A 转换，变成 DC0～10 V 的模拟电压信号提供给外部作为仪表显示信号。输出同样应使用屏蔽电缆，长度原则上不能超过 20 m，屏蔽层应与接地端连接。

AO 信号的连接方式可以参见连接总图。

2 了解 DI/DO 信号及其连接

1．DI 信号连接

DI 信号用于变频器的运行控制。变频器的功能越强，相应的 DI 点就越多。DI 信号功能可通过变频器的参数设定改变，但外部连接要求不变。

为了提高抗干扰能力与可靠性，变频器的 DI 信号接口电路均采用了光电隔离电路。DI 信号连接形式有"汇点输入"（Sink，又称漏形输入或负端共用输入）与"源输入"（Source，又称源形输入或正端共用）两类，连接方式通常可以通过变频器内部的设定端进行选择。

汇点输入的全部 DI 信号的一端汇总到输入公共连接端，光耦合器的输入驱动电流由变频器内部向外部"泄漏"，输入信号为"无源"信号。这是一种最常用的接线方式。如果使用外部电源，必须把 +24 V 与 OP 间的跳线 J9 去掉，把外部电源的正极接在 OP 上，外部电源的负极接在 CME 上，如图 2-9 所示。

此种接线方式下，不同变频器的 DI 端子不能并接使用，否则可能引起 DI 的误动作；若需 DI 端子并接（不同变频器之间），则可在 DI 端子处串接二极管（阳极接 DI）使用，二极管须满足：$I_F > 10$ mA、$U_F < 1$ V，如图 2-10 所示。

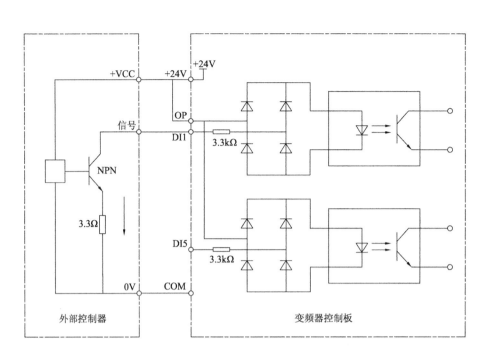

图 2-9 漏型接线方式

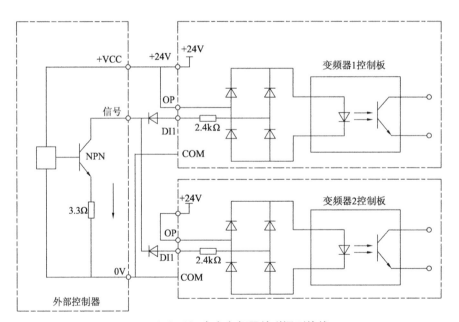

图 2-10 多台变频器并联漏型接线

源输入是直接由外部输入信号提供光耦驱动电源的输入连接形式,输入信号为"有源"信号。源输入的接口电路原理如图 2-11 所示,图中的 DC 24 V 输入驱动电源也可从变频器上引出。这种接线方式必须把跳线 J9 的 OP 跳到 COM 上,把 +24 V 与外部控制器的公共端接在一起。如果用外部电源,还必须把外部电源的负极接在 OP 上。

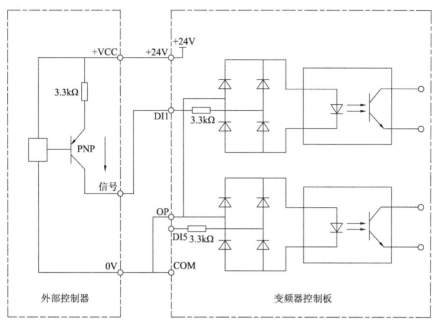

图 2-11 源型接线方式

2．常用DI信号

变频器的 DI 信号功能可通过变频器的参数设定改变，常用的 DI 信号如下：

(1) 运行控制信号。正 / 反转选择与启动，停止是变频器最基本的运行控制信号，必须分配相应的 DI 点，而且其输入连接端一般不能通过参数改变，故应按照变频器生产厂家的要求连接。

变频器的正 / 反转与启动 / 停止控制一般有"二线制"与"三线制"两种控制方式。前者直接利用正反转信号控制转向与启停，要求转向信号为具有保持功能的电平输入（见图 2-12）；后者可以通过启动、停止信号控制变频器的启停，转向由独立的保持形电平信号选择（见图 2-13）。

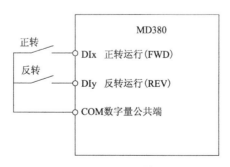

图 2-12 二线制控制

(2) 外部故障输入。用于变频器与外部电路的运行互锁，当控制系统出现故障需要变频器停止运行时，可以通过外部故障输入信号，强制变频器停止运行。

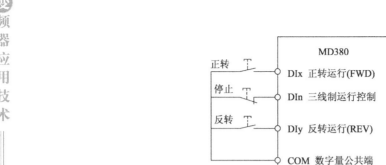

图 2-13 三线制控制

(3) 故障复位。用于变频器故障的复位，输入信号与关闭变频器电源、操作单元的 RESET 键具有同样的功能。如变频器运行过程中发生报警，排除故障后，可通过此信号清除故障，使得变频器恢复正常运行。

(4) 输出关闭。输出关闭信号用于逆变功率晶体管的基极封锁，信号有效时变频器的逆变功率管强制关闭，被控制的电动机将进入自由状态。输出关闭与变频器停止的区别在于，变频器停止时电机将在变频器的控制下减速停止，在整个停止过程中电机始终具有电气的制动转矩；而关闭逆变功率管后，相当于断开了电动机的电枢线，因此，电动机将自由停车。

(5) 切换控制。此信号功能在不同变频器上有较大差异，一般可用于变频器的加减速时间切换或 $1:n$ 多电动机控制时的电动机切换、变频器控制方式切换等功能，以实现两段线性加减速转换或电机参数、控制方式转换。

(6) 急停。急停信号用于变频器的紧急停止。变频器急停时将通过强烈制动，以最短的时间快速停止。急停时变频器的所有操作都将被禁止，取消急停输入后，变频器一般需要重新启动才能恢复运行。

3.DO 信号连接

变频器的 DO 信号是变频器的工作状态输出信号。由于变频器的用途单一，其 DO 信号一般较少。相对而言，变频器的功能越强，相应的 DI 点就越多，DI 信号功能可通过变频器的参数设定改变，但外部连接要求不变。

变频器的 DO 输出通常采用继电器接点输出与光耦集电极开路两种方式，输出侧的负载电源需要外部提供。

继电器接点一般用于变频器的故障信号输出，通常为带公共端的常开 / 常闭触点输出。DO 信号既可驱动交流负载，也可驱动直流负载，其允许的负载电压一般为 AC 250 V 或 DC 30 V，负载电流可达 1 A。继电器接点在高频工作或需要承受冲击电流时，其使用寿命将显著降低，因此，不宜直接用来驱动电磁阀、制动器等大电流负载。此外，由于接触性能的影响，接点输出不宜用于 DC 12 V/10 mA 以下的低压小电流负载驱动。当继电器接点连接感性负载时，为了延长触点使用寿命，直流驱动时应在负载两端加过电压抑制二极管；交流驱动时应在负载两端加 RC 抑制器（见图 2-14）。

当数字输出端子需要驱动继电器时，应在继电器线圈两边加装吸收二极管。否则易造成直流 24 V 电源损坏。注意：一定要正确安装吸收二极管的极性，如图 2-14 所示。否则当数字输出端子有输出时，马上会将直流 24 V 电源烧坏。

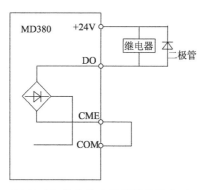

图2-14 数字输出端子接线示意图

4．常用DO信号

变频器的DO信号功能可通过变频器的参数设定改变，常用的DO信号如下：

（1）变频器报警与准备好的信号。变频器电源接通、自诊断无故障时，输出"1"，而在变频器报警时则输出"0"。准备好的信号与报警信号一般使用同一继电器输出的常开与常闭触点。

（2）运行信号。变频器的"运行"信号一般可使用两种形式输出，一种是只要变频器的逆变管开通，不论电机是否运行，其输出就为"1"；另一种是只有在变频器处于输出频率控制时才能为"1"。

（3）零速信号。零速信号用来检查变频器的实际输出频率是否已经到达零速的允差范围，它可以作为外部动作的互锁信号使用。

（4）频率到达信号。频率到达信号在变频器实际输出频率到达给定频率的允差范围时输出"1"，同样可以作为外部动作的互锁信号使用。

▶ 任务3 识读变频调速系统工程图

 任务目标

（1）能够根据工程图分析变频调速系统的电气原理。

（2）能够分析主回路与强电控制回路，以及主轴调速系统的电路原理，说明各电气元件的作用与功能。

 **工作内容**

识读数控车床主轴控制工程图变频器主电路及控制电路；识读工程图的CNC连接。

任务实施

图2-15所示为任务3中数控车床的主轴控制工程图，有关工程图的基本说明、电路识读的基本注意事项、明细表要求及机床主回路、强电控制回路、*x/z*轴驱动回路的说明等均可参照任务3的说明。

34

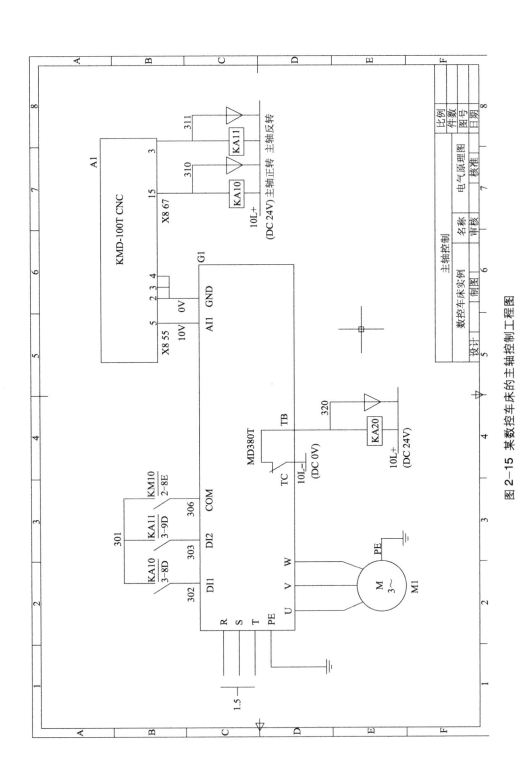

图 2-15 某数控车床的主轴控制工程图

1 变频器控制

1．主回路

（1）为了便于阅读，简单机床的工程图允许将与主轴变频器相关的主回路与控制回路集中于一页进行表示。

（2）汇川 MD380 变频器的控制电源已在内部与主电源进线连接，变频器不使用制动电阻器、制动单元等配套附件，故主电源不需要使用主接触器控制，它可以在机床主电源接通后直接加入。

（3）汇川 MD380 变频器本身已具有电子过流保护功能，故主轴电机不再需要安装过载保护的断路器。

2．控制回路

（1）汇川 MD380 变频器的正反转与启动，停止使用出厂默认的二线制控制，正反转控制信号来自 CNC 的输出。

（2）汇川 MD380 的正反转信号串联了机床启动接触器 KM10（x/z 轴驱动主回路接通）的常开触点，如果 x/z 轴伺服驱动未启动或出现机床超程、急停的故障，可以立即停止主轴工作。

（3）变频器的 DI 信号采用了出厂默认的使用变频器内部电源的汇点输入连接方式。

（4）由于本机床的主轴控制无特殊要求，变频器不需要连接其他 DI 信号，DI 功能定义可以直接使用出厂默认设定。

（5）由于变频器电源在机床主电源接通后便可加入，因此，变频器的报警输出 DO 信号可作为驱动器主电源接通的互锁条件，通过中间继电器 KA20 的转换，串联到驱动器主接触器控制电路中，主轴变频器故障时禁止驱动器主电源加入。

（6）变频器的频率给定信号（主速输入）来自 CNC(KND100T) 的主轴模拟量输出，其输出频率直接由 CNC 加工程序中的 S 代码指令进行控制。AI 信号同样可以直接使用变频器出厂默认的功能设定。

2 CNC 连接

1．S 模拟量输出

（1）KND100T 经济型数控系统的 S 模拟量输出为 DC 0～10 V，可以直接与汇川 MD380 的速度给定 AI1、GND 端连接。

（2）KND100T 的 S 模拟量输出为单极性信号，连接时必须将 DC 0～10 V 输出端（XS55-5）连接至变频器的 AI1 端，参考 0V 输出端（XS55-2/3/4）连接至变频器的 GND 端。

（3）应通过 CNC 的 S 模拟量输出参数设定，保证最高主轴转速所对应的 S 模拟量输出为 DC 10 V。

（4）应通过变频器的偏移与增益调整，保证在 DC 10 V 频率给定输入时的主轴转速与要求一致；在 DC 0 V 输入（编程转速 SO）时，主轴转速接近 0 r/min。

（5）频率给定连接线应使用双绞、屏蔽电缆。

2．转向信号

（1）KND100T 的主轴转向由程序指令 M03、M04 或操作面板上的主轴正反转按钮进行控

制，其转向统一由 CNC 的 DO 信号 M03/M04（X57-15/3）输出。

（2）KND100T 的 M03/M04 输出为保持型电平信号，与 CIMR-G5 的二线制控制要求一致，故可以直接通过中间继电器 KA10、KA11 转换为变频器的转向控制信号。

（3）主轴电机的转向可以直接通过交换电机相序、改变 CNC 参数等方式调整至要求的方向。

3．主轴编码器

（1）为了车削螺纹，数控车床主轴需要安装检测主轴转角的位置编码器，以便车削螺纹时保持 z 轴进给与主轴的同步。

（2）螺纹加工同步控制直接由 KND100T 实现，故主轴编码器只需要直接连接至 CNC 上，在变频器上可以不进行闭环控制。

练习与提高

1．变频器的主回路连接要注意哪些问题？

2．变频器的控制回路连接要注意哪些问题？

3．结合汇川 MD380 变频器的闭环控制要求，合理选择变频器配件，并设计机床主轴编码器，以及同时用于变频器闭环控制与 CNC 螺纹加工的主轴控制系统原理图。

4．汇川变频器二线制与三线制接法区别在哪里？

5．分别用外控电位器、外控电压和外控电流方式使电机正转，频率为 30 Hz，然后反转，频率为 25 Hz，请画出接线图。

变频器应用技术

项目 3

变频器操作与调试

任务1 变频器的操作

任务目标

（1）熟悉变频器的面板操作；

（2）掌握查看、设定和修改变频器参数的方法。

工作内容

使用汇川 MD380 变频器进行面板键盘操作、显示，完成变频器的参数行初始化及查看、设置和修改等功能。

任务实施

变频器是一种使用简单、调试容易的通用调速装置，通过项目 2 组成了变频调速系统，其操作与调试可以通过面板进行，变频调速系统的操作与调试主要包括变频器基本参数设定、快速调试、在线调整与功能相关的参数设定、调整等内容。

调试是实现变频器功能的需要与设备维修的基本技能，也是保证变频调速系统具有良好动静态性能的前提。它同样直接关系到调速系统长期运行的稳定性与可靠性。

I 操作面板介绍

操作面板是操作人员与变频器进行交互的工具，用操作面板可对变频器进行功能参数修改、变频器工作状态监控和变频器运行控制（启动、停止）等操作。汇川MD380变频器操作面板如图3-1所示。

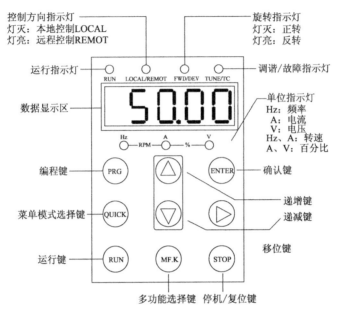

图 3-1 操作面板示意图

1. 功能指示灯说明

RUN：灯灭时表示变频器处于停机状态，灯亮时表示变频器处于运转状态。

LOCAL/REMOT：键盘操作、端子操作与远程操作（通信控制）指示灯，灯灭表示键盘操作控制状态，灯亮表示端子操作控制状态，灯闪烁表示处于远程操作控制状态。

FWD/DEV：正反转指示灯，灯灭表示处于正转状态，灯亮表示处于反转状态。

TUNE/TC：调谐时指示灯闪烁，灯亮表示处于转矩控制状态，灯灭表示处于速度控制状态。

2. 单位指示灯说明

Hz——频率单位；A——电流单位；V——电压单位；RPM（Hz+A）——转速单位，即r/min；%（A+V）——百分数。

3. 数码显示区

5位LED显示，可显示设定频率、输出频率，各种监视数据以及报警代码等。

4. 键盘按钮说明（见表3-1）

表 3-1 键盘按钮说明

按 键	名 称	功 能
PRG	编程键	进入或退出一级菜单
ENTER	确认键	逐级进入菜单画面，确认设定参数
△	递增键	数据或功能码的递增

按　键	名　称	功　能
▽	递减键	数据或功能码的递减
▷	移位键	在停机显示界面和运行显示界面下，可循环选择显示参数；在修改参数时，可以选择参数的修改位
RUN	运行键	在键盘操作方式下，用于运行操作
STOP/RESET	停止/复位	运行状态时，按此键可用于停止运行操作；故障报警状态时，可用来复位操作，该键的特性受功能码F7-16制约
QUICK	菜单模式选择	根据FP-03作功能切换选择
MF.K	多功能选择键	根据F7-01中值切换不同的菜单模式（默认为一种菜单模式）

2　参数设置、查看和修改

1．参数初始化

变频器的参数通过初始化操作可以恢复到出厂默认值，汇川MD380变频器参数初始化可以通过参数FP-01的不同设定实施。FP-01参数定义如表3-2所示。

表3-2　FP-01参数初始化定义

	参数初始化		出厂值	0
FP-01	设定范围	0	无操作	
		1	恢复出厂参数，不包括电机参数	
		2	清除记录信息	
		4	恢复用户备份参数	
		501	备份用户当前参数	

FP-01设为1，则恢复出厂设定值，不包括电机参数。即设置FP-01为1后，变频器功能参数大部分都恢复为厂家出厂参数，但是电机参数、频率指令小数点（F0-22）、故障记录信息、累计运行时间（F7-09）、累计上电时间（F7-13）、累计耗电量（F7-14）不恢复。

FP-01设为2，则清除记录信息，即清除变频器故障记录信息、累计运行时间（F7-09）、累计上电时间（F7-13）、累计耗电量（F7-14）。

FP-01设为4，则备份用户当前参数备份当前用户所设置的参数。将当前所有功能参数的设置值备份下来。以方便客户在参数调整错乱后恢复。

FP-01设为501，则恢复用户备份参数，即恢复之前备份的用户参数，即恢复通过设置FP-01为501所备份参数。FP-01的设定方法与其他参数的设定相同,具体设置方法参数设置部分。

2．参数设置

MD380变频器的操作面板采用三级菜单结构进行参数设置等操作。三级菜单分别为：功能参数组（一级菜单）→功能码（二级菜单）→功能码设定值（三级菜单）。操作流程如图3-2所示。

在三级菜单操作时，可按PRG键或ENTER键返回二级菜单。两者的区别是：按ENTER键将设定参数保存后返回二级菜单，并自动转移到下一个功能码；而按PRG键则直接返回二级菜单，不存储参数，并返回到当前功能码。

项目 3 变频器操作与调试

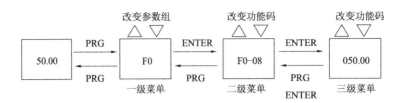

图 3-2 三级菜单操作流程图

举例：将参数 F0-08 从 50.00 Hz 更改设定为 30.00 Hz。步骤如图 3-3 所示。

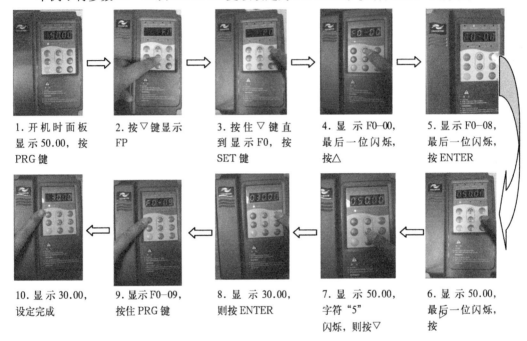

1. 开机时面板显示 50.00，按 PRG 键

2. 按 ▽ 键显示 FP

3. 按住 ▽ 键直到显示 F0，按 SET 键

4. 显示 F0-00，最后一位闪烁，按 △

5. 显示 F0-08，最后一位闪烁，按 ENTER

10. 显示 30.00，设定完成

9. 显示 F0-09，按住 PRG 键

8. 显示 30.00，则按 ENTER

7. 显示 50.00，字符"5"闪烁，则按 ▽

6. 显示 50.00，最后一位闪烁，按

图 3-3 参数编辑操作示例

在第三级菜单状态下，若参数没有闪烁位，表示该功能码不能修改，可能原因有：（1）该功能码为不可修改参数。如实际检测参数、运行记录参数等；（2）该功能码在运行状态下不可修改，需停机后才能进行修改。

3. 密码设置

变频器提供了用户密码保护功能，当 FP-00 设为非零时，即为用户密码，退出功能码编辑状态密码保护即生效，再次按 PRG 键，将显示"------"，必须正确输入用户密码，才能进入普通菜单，否则无法进入。若要取消密码保护功能，只有通过密码进入，并将 FP-00 设为 0 才行。用户密码对快捷菜单中的参数项保护功能取决于 F7-03 的状态，但对参数数值没有保护功能。

3 状态参数的查看

在停机或运行状态下，可显示多种状态参数。可由功能码 F7-03（运行参数 1）F7-04（运行参数 2）、F7-05（停机参数）按二进制的位选择该参数是否显示，F7-03、F7-04 和 F7-05

功能码定义见表3-3。

表3-3 F7-03、F7-04和F7-05功能码定义

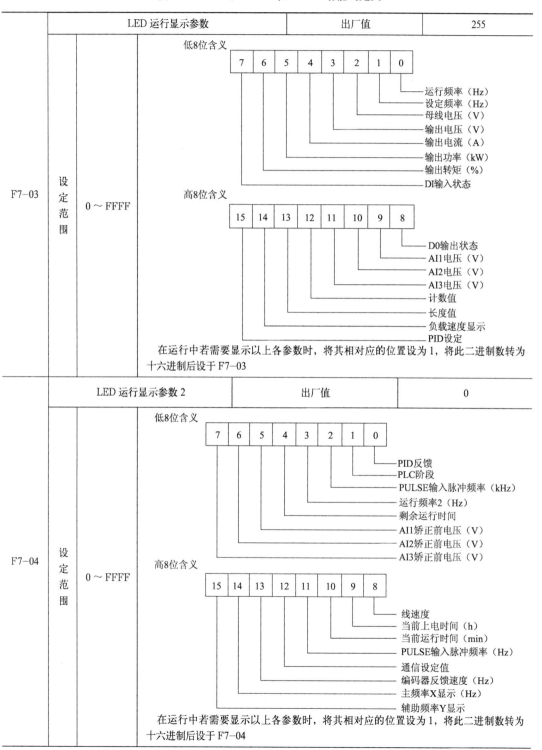

			LED 运行显示参数	出厂值	255
F7-03	设定范围	0～FFFF	低8位含义 7 6 5 4 3 2 1 0 运行频率（Hz） 设定频率（Hz） 母线电压（V） 输出电压（V） 输出电流（A） 输出功率（kW） 输出转矩（%） DI输入状态 高8位含义 15 14 13 12 11 10 9 8 D0输出状态 AI1电压（V） AI2电压（V） AI3电压（V） 计数值 长度值 负载速度显示 PID设定 在运行中若需要显示以上各参数时，将其相对应的位置设为1，将此二进制数转为十六进制后设于F7-03		
			LED 运行显示参数2	出厂值	0
F7-04	设定范围	0～FFFF	低8位含义 7 6 5 4 3 2 1 0 PID反馈 PLC阶段 PULSE输入脉冲频率（kHz） 运行频率2（Hz） 剩余运行时间 AI1矫正前电压（V） AI2矫正前电压（V） AI3矫正前电压（V） 高8位含义 15 14 13 12 11 10 9 8 线速度 当前上电时间（h） 当前运行时间（min） PULSE输入脉冲频率（Hz） 通信设定值 编码器反馈速度（Hz） 主频率X显示（Hz） 辅助频率Y显示 在运行中若需要显示以上各参数时，将其相对应的位置设为1，将此二进制数转为十六进制后设于F7-04		

项目
3
变频器操作与调试

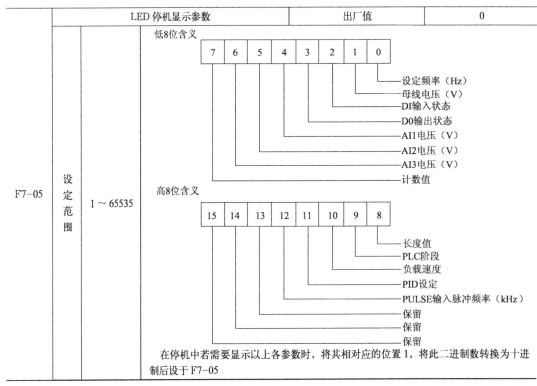

		LED 停机显示参数	出厂值	0
F7-05	设定范围	1～65535		

在停机中若需要显示以上各参数时，将其相对应的位置 1，将此二进制数转换为十进制后设于 F7-05

在停机状态下，共有十六个停机状态参数可以选择是否显示，分别为：设定频率、母线电压、DI 输入状态、DO 输出状态、模拟输入 AI1 电压、模拟输入 AI2 电压、模拟输入 AI3 电压、实际计数值、实际长度值、PLC 运行步数及六个保留参数，按键顺序切换显示选中的参数。

在运行状态下，运行频率，设定频率，母线电压，输出电压，输出电流五个运行状态参数为默认显示。输出功率、输出转矩、DI 输入状态、DO 输出状态、模拟输入 AI1 电压、模拟输入 AI2 电压、模拟输入 AI3 电压、实际计数值、实际长度值、线速度、PID 设定、PID 反馈等其他显示参数是否显示由功能码 F7-03、F7-04 按位（转化为二进制）选择，按键顺序切换显示选中的参数。

4 变频器基本参数操作

变频器是对三相交流异步电动机进行调速，电动机所带负载不尽相同，在操作调试功能时，根据不同的负载需要做不同的参数设定。这些是作为调试的基本参数，完成任何一项功能都是必需的，基本参数包括控制方式选择、电机参数调谐、频率源选择、命令源选择等，下面以 MD380 变频器为例对这些参数进行介绍。

1. 控制方式选择

MD380 具有 V/F 控制和矢量控制功能，矢量控制方式又分无速度传感器和有速度传感器时的两种控制方式。对于不同的负载选择不同的控制方式，MD380 的选择参数为 F0-01，其参数定义如表 3-4 所示。

表 3-4 MD380 控制方式选择参数定义

	控制方式		出厂值	0
F0-01	设定范围	0 无速度传感器矢量控制（SVC）		
		1 有速度传感器矢量控制（VC）		
		2 V/F 控制		

其中，F0-01 设为 0 为无速度传感器矢量控制是开环矢量控制，适用于通常的高性能控制场合，一台变频器只能驱动一台电机。如机床、离心机、拉丝机、注塑机等负载；F0-01 设为 1 为有速度传感器矢量控制，指闭环矢量控制，必须加装编码器和 PG 卡，适用于高精度的速度控制或转矩控制的场合。一台变频器只能驱动一台电机，如高速造纸机械、起重机械、电梯等负载；F0-01 设为 2 为 V/F 控制，适用于对负载要求不高或一台变频器拖动多台电机的场合，如风机、泵类负载。

选择矢量控制方式时必须进行过电机参数辨识过程。只有准确的电机参数才能发挥矢量控制方式的优势。通过调整速度调节器参数（F2 组）可获得更优的性能。

2．电机参数调谐

如果选择矢量控制方式，那么必须进行电机参数调谐的操作：选择矢量控制运行方式，在变频器运行前，必须准确输入电机的铭牌参数，MD380 变频器据此铭牌参数匹配标准电机参数；矢量控制方式对电机参数依赖性很强，要获得良好的控制性能，必须获得被控电机的准确参数。

电机参数自动调谐时首先将命令源（F0-02）选择为操作面板命令通道。然后请按电机实际参数需要输入的电机额定功率（F1-01）、电机额定电压（F1-02）、电机额定电流（F1-03）、电机额定频率（F1-04）和电机额定转速（F1-05）。

如果是电机可和负载完全脱开，则 F1-11 需要选择 2（完整调谐），然后按键盘面板上 RUN 键，变频器会自动算出电机的一些参数，如定子电阻（F1-06）、转子电阻（F1-07）、漏感抗（F1-08）、互感抗（F1-09）及空载激磁电流（F1-10），完成电机参数自动调谐。

如果电机不能和负载完全脱开，则 F1-11 需要选择 1（静止调谐），然后按键盘面板上 RUN 键。变频器依次测量定子电阻、转子电阻和漏感抗 3 个参数，不测量电机的互感抗和空载电流，用户可以根据电机铭牌自行计算这两个参数，计算中用到的电机铭牌参数有：额定电压 U_N、额定电流 I_N、额定频率 P_N 和功率因数 η。

3．频率源选择

（1）主辅频率源的选择。变频器的使用，关键的参数是设定频率源，也就是说，我们要设定从什么地方来进行调速：MD380 变频器最多可以有两个频率源——主频率源和辅助频率源，频率源的选择由 F0-07 设定（见表 3-5），而且可以进行频率叠加，频率叠加设定将在项目 4 中做详细介绍，这里不再赘述。

对于基本的应用，不需要频率源叠加，则直接用主频率源，即将 F0-07 设定为 0，或者可以恢复出厂设置后忽略此参数。

（2）主频率源给定时频率源的选择。用主频率源时，频率可以由面板数字设定、模拟量设定、脉冲设定、多段速、PLC、PID、通信设定等 10 种方式，MD380 设定参数定义如表 3-6 所示。

表 3-5 频率源叠加选择参数定义

	频率源叠加选择		出厂值	0
F0—07	设定范围	个位	频率源选择	
		0	主频率源 X	
		1	主辅运算结果（运算关系由十位确定）	
		2	主频率源 X 与辅助频率源 Y 切换	
		3	主频率源 X 与主辅运算结果切换	
		4	辅助频率源 Y 与主辅运算结果切换	
		十位	频率源主辅运算关系	
		0	主＋辅	
		1	主－辅	
		2	两者最大值	
		3	两者最小值	

表 3-6 主频率源选择参数

	主频率源 X 选择		出厂值	0
F0—03	设定范围	0	数字设定 UP、DOWN（不记忆）	
		1	数字设定 UP、DOWN（记忆）	
		2	AI1	
		3	AI2	
		4	AI3	
		5	脉冲设定 (DI5)	
		6	多段速	
		7	PLC	
		8	PID	
		9	通信给定	

（3）辅助频率源给定时的频率源选择。用辅助频率源时，频率可以由面板数字设定，模拟量设定、脉冲设定、多段速、PLC、PID、通信设定等 10 种方式。MD380 设定参数定义如表 3-7 所示。

表 3-7 辅助频率源参数

	辅助频率源 X 选择		出厂值	0
F0—04	设定范围	0	数字设定 UP、DOWN（不记忆）	
		1	数字设定 UP、DOWN（记忆）	
		2	AI1	
		3	AI2	
		4	AI3	
		5	脉冲设定 (DI5)	
		6	多段速	
		7	PLC	
		8	PID	
		9	通信给定	

4. 命令源选择

命令源选择也是变频器控制中的一个重要参数，变频器控制命令包括启动、停机、正转、

反转、点动等。MD380 变频器命令源通过参数 F0-02 设定，用来选择变频器控制命令的通道，其参数定义如表 3-8 所示。

表 3-8 命令源选择参数

F0-02	命令源选择			出厂值		0
	设定范围	0	操作面板命令通道（LED 灭）			
		1	端子命令通道（LED 亮）			
		2	串行口通信命令通道（LED 闪烁）			

　　F0-02 设为 0 时选择操作面板命令通道（LOCAL/REMOT 灯灭），则变频器控制命令由操作面板上的 RUN、STOP/RES 按键进行运行命令控制。

　　F0-02 设为 1 时选择端子命令通道（LOCAL/REMOT 灯亮），则变频器控制命令由多功能输入端子 FWD、REV、JOGF、JOGR 等进行运行命令控制。

5．MF.K键功能选择

　　应用 MF.K 键可以完成命令通道之间切换、正反转切换及点动功能，其参数设置如表 3-9 所示。

表 3-9 MF.K 功能选择参数

F7-01	MF.K 键功能选择		出厂值	0
	设定范围	0	MF.K 键无效	
		1	操作面板命令通道与远程命令通道（端子命令通道与通信命令通道）切换	
		2	正反转切换	
		3	正转点动	
		4	反转点动	

 任务2 变频器的调试

**任务目标**

　　（1）掌握 MD380 变频器的点动试运行方法；

　　（2）掌握变频器电流、电压及频率检测显示检测功能。

工作内容

　　通过面板操作实现汇川 MD380 变频器点动试运行，显示变频器电压、电流和频率。

任务实施

　　变频器的调试工作，其方法、步骤和一般的电气设备调试基本相同，应遵循"先空载、继轻载、后重载"的规律。调试可以为点动试运行、快速调试两种方法，通过调试显示变频器运行中的电压、电流、频率。

项目 3 变频器操作与调试

1 MD380变频器的点动试运行

为避免变频器在出厂、仓储与运输过程中所发生的故障影响正常使用，使用前通常都需要进行试运行检查。MD380变频器的试运行检查需要使用一路DI信号，并设置相关参数以及外部点动按钮来控制电机的点动运行。其步骤如下：

1．安装与连接检查

确认变频器型号、规格与电机型号正确，并确认主电源电压正确。AC 200 V输出变频器的电压应为200～240 V，AC 400 V输入时应为380～480 V。

2．正确连接变频器的主电源

为了简化线路，试运行的变频器可直接通过独立的断路器进行电源的通断控制；必须保证主电源正确连接到变频器的电源输入端L1（R）、L2（S）、L3（T）上。

3．检查控制电源

MD380变频器无独立的控制电源输入端，控制电源在变频器内部直接与输入电源相连接。

4．确认电机安装与连接

试运行的电机应可靠固定，电机旋转轴需要进行必要的防护，对于安装在设备上的电机，应将负载分离；电机的电枢应与变频器的输出的U、V、W相一一对应。

5．开机状态确认

在确认变频器主电源、控制电源正确后，接通变频器电源。如开机后显示报警，则应首先排除故障，然后才能进入快速调试模式。

6．点动试运行

变频器的点动试运行可以直接使用出厂默认参数，按以下步骤进行。

（1）接通电源，确认操作单元显示正确。

（2）设置F7-01=3，则MF.K为正转点动功能，并设F0-02=0，面板命令模式，如须改变方向，则设F7-01=4(MD320无此参数)，并设F8-13=0，允许反转运行，则MF.K为反向点动功能。

（3）在变频器停机状态下，按下MF.K键启动点动试运行，释放MF.K键，变频器即减速停机。

（4）点动时变频器将按照F8-00设定的频率控制电机低速旋转，如果需要，也可以通过改变参数F8-00来改变频率，并进行其他速度的运行试验。同时，可以通过改变F8-01和F8-02的设定值来改变点动加减速时间。

2 变频器电流电压的检测，显示功能

变频器在运行过程中，需要查看变频器输出电压、电流、频率参数。MD380变频器提供了快捷方便的查询方式。在变频器运行状态下默认显示频率为49.99 Hz[见图3-4（a）]，此时面板上面的RUN指示灯及中间的Hz指示灯亮。在频率显示状态下按下▷键，则显示246.0[见图3-4（b）]，此时面板上面的RUN指示灯及中间的V指示灯亮，即显示的是变频器输出电压为246 V；在频率显示状态下按下▷键，即显示0.00[见图3-4（c）]，此时面板上面的run指示灯及中间的A指示灯亮，则显示的是变频器输出电流为0.00 A。按下▷键可

以在频率、电压、电流及频率显示之间任意切换。

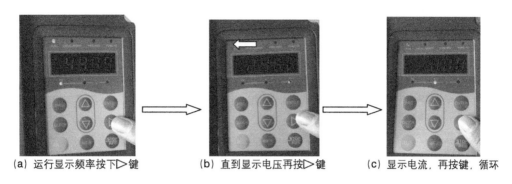

(a) 运行显示频率按下▷键   (b) 直到显示电压再按▷键   (c) 显示电流, 再按键, 循环

图 3-4 变频器的频率、电压、电流显示

练习与提高

1. 如何查看功能码的设定值?

2. 如何查看变频器功能码的出厂设置值?

3. 先把变频器恢复出厂设置, 并设置 F0-01=2,F0-02=0,F0-08=20,   看变频器显示的频率、电压、电流各为多少?

变频器应用技术

项目 4

变频器的运行与控制

任务1 变频器的面板控制

任务目标

（1）掌握变频器面板功能及使用方法；

（2）了解变频器控制方式原理及设定的方法；

（3）能使用面板控制变频器。

我们使用变频器必须首先知道如何启停，如何改变输出频率，变频器的正常工作须启动、停止、转向等运行指令及频率指令，可以根据需要选择多种指令输入方式，此外，还可以根据实际控制需要，通过面板设定变频器的输出频率范围、启制动方式等。

相关知识

1 汇川MD380系列变频器命令源选择

变频器的控制命令包括：启动、停机、正转、反转、点动等。汇川 MD380 系列变频器通过参数 F0-02 选择变频器的控制命令来源，如表 4-1 所示。

表4-1　命令源选择参数

	命令源选择		出厂值	0
F0-02	设定范围	0	操作面板命令通道	
		1	端子命令通道	
		2	串行口通信命令通道	

当该参数被设定为 0 时，变频器上的 LOCAL\REMOT 指示灯熄灭，此时操作命令来自变频器的操作面板，即通常称为的"面板操作"，此时变频器的运行由操作面板上的 RUN、STOP\RES 按键控制。

当该参数被设定为"1"时，变频器上的 LOCAL\REMOT 指示灯点亮，操作命令来自于变频器上的多功能输入端子 FWD、REV、JOGF、JOGR 等。

当该参数被设定为"2"时，变频器上的 LOCAL\REMOT 指示灯闪烁，操作命令由上位机通过通信方式给出。选择此项时，必须选配汇川公司的 ModBus RTU 通信卡。

2 汇川MD380系列变频器输出频率设置

默认情况下，汇川 MD380 系列变频器通过参数 F0-12 和 F0-14 设置上下限频率，通过 F0-08 进行输出频率预置，如表4-2所示。

表4-2　上下限频率设置

F0-12	上限频率	出厂值	50.00 Hz
	设定范围	下限频率 F0-14～最大频率 F0-10	
F0-14	下限频率	出厂值	0.00 Hz
	设定范围	0.00 Hz～上限频率 F0-12	
F0-08	预置频率	出厂值	50.00 Hz
	设定范围	0.00～最大频率（对频率源选择方式为数字设定有效）	

3 汇川MD380系列变频器加减速时间设定

汇川 MD380 系列变频器可以设定 4 组加减速时间，用户可利用数字量输入端子 DI 切换选择。默认情况下，采用加速时间1和减速时间1。这两个时间的数值分别由 F0-17 和 F0-18 设定，而时间的单位由 F0-19 设定，如表4-3所示。其他加减速时间的设定方法及切换方法详见汇川 MD380 系列变频器使用手册。

表4-3　加减速时间及单位设置

F0-17	加速时间 1	出厂值	机型确定
	设定范围	0.00～650.00 s（F0-19=2） 0.0～6 500.0 s（F0-19=1） 0～65 000 s（F0-19=0）	
F0-18	减速时间 1	出厂值	机型确定
	设定范围	0.00～650.00 s（F0-19=2） 0.0～6 500.0 s（F0-19=1） 0～65 000 s（F0-19=0）	

F0–19	加减速时间单位		出厂值	1
	设定范围	0	1 s	
		1	0.1 s	
		2	0.01 s	

加速时间指变频器从零频加速到加减速基准频率（F0–25确定）所需的时间，见图4–1中的 t_1。同样，减速时间指变频器从加减速基准频率（F0–25确定）减速到零频所需时间，见图4–1中的 t_2。

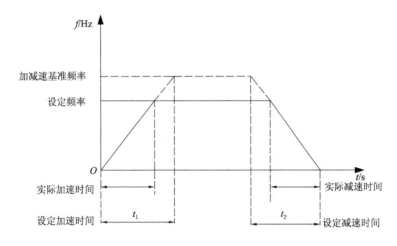

图 4–1　加减速时间示意图

工作内容

使用变频器操作面板对电机进行启动、停止、调速范围控制，在面板上设定输出频率使之运行在 5 ～ 45Hz，并设定加减速时间均设为 5s，用面板的 RUN、STOP 键进行启动停止操作。

任务实施

根据前面步骤，写出汇川 MD380 系列变频器实现变频器摆频控制的实施步骤及参数，并记录各步骤工作要点，如表 4–4 所示。

表 4–4　实施步骤

序　号	步　骤	实施细节	工作要点
1	变频器的型号选择	MD380T2.2	
2	变频器的接线	L1 L2 L3 — R S T — MD380T2.2 — U V W M	

项目 4 变频器的运行与控制

序　号	步　骤	实施细节	工作要点
3	变频器的功能参数	F0—02= F0—08= F0—12= F0—14= F0—17= F0—18= F0—19=	
4	变频器的调试	通过调试实现：用操作面板改变电机转速，输出频率为 5 ~ 45Hz。加减速时间均设为 5s。	
5	调试结果及调试中的问题分析及解决	调试结果： 问题及解决方法：	
6	评价	完成评价表及功能测试表	

功能测试（见表4-5）

表 4-5　功能测试表

观察项目 结果 序号	功能测试记录			
	显示频率 /Hz	显示电压 /V	显示电流 /mA	电机运行情况
按 RUN 键				
调节输出频率 1				
调节输出频率 1				
按 STOP 键				

评价（见表4-6）

表 4-6　评　价　表

评价表 ＿＿＿＿学年		工作形式 □个人　　□小组分工　　□小组		工作时间（50min）	
任务	训练内容	训练要求		学生自评	教师评分
变频器的面板操作与运行	1. 工作步骤及电路图纸 20 分	工作步骤设计合理，电路图纸符合《电气用图形符号》规定，电路原理正确			
	2. 线路连接 10 分	能够正确选择导线的颜色和线径，会使用电气接线工具，接线符合电气控制接线标准			
	3. 参数设置 30 分 完成参数设置	能设置变频器运行参数及电动机参数，会根据功能要求设置变频器的功能参数			
	4. 测试与功能 30 分 整个装置全面检测	能够正确操作变频器进行变频器功能测试，会全面检测变频调速系统的安全性和可靠性			
	5. 职业素养与安全意识 10 分	现场安全保护；工具器材等处理操作符合职业要求；分工又合作，遵守纪律，保持工位整洁			

思考提示：变频器的加速、减速时间的设置时要考虑哪些因素？

加速时间设置得太短，可能产生什么故障告警？

减速时间设置得太短，可能产生什么故障告警？

任务2 变频器的外部端子控制

任务目标

(1) 了解变频器常见的外部端子控制的方法；

(2) 能够通过设定参数改变外部端子的功能；

(3) 能够使用外部开关量实现电机的多级调速；

(4) 能够使用外部模拟量实现电机的无级调速。

 相关知识

ⅠⅠ 汇川MD380系列变频器的多功能数字输入端子功能设定

汇川 MD380 系列变频器自带 5 个多功能数字输入端子，通过扩展卡可以扩展至 10 个，按序号被称为 DI1 ~ DI10，其中 DI5 可以用作高速脉冲输入端子。参数 F4 组规定了各个输入端子的功能，其中 F4—00 ~ F4—09 分别用于设定 DI1 ~ DI10 的功能，如表 4-7 所示。

表 4-7　F4组 F4-00 ~ F4-09 参数

F4—00	DI1 端子功能选择	出厂值	1（正转运行）
F4—01	DI2 端子功能选择	出厂值	4（正转点动）
F4—02	DI3 端子功能选择	出厂值	9（故障复位）
F4—03	DI4 端子功能选择	出厂值	12（多段速度1）
F4—04	DI5 端子功能选择	出厂值	13（多段速度2）
F4—05	DI6 端子功能选择	出厂值	0
F4—06	DI7 端子功能选择	出厂值	0
F4—07	DI8 端子功能选择	出厂值	0
F4—08	DI9 端子功能选择	出厂值	0
F4—09	DI10 端子功能选择	出厂值	0

用户通过对这些参数的设定，规定各个数字量输入端子的功能，具体功能如表 4-8 所示。

表 4-8　功能设定表

设定值	功　能	说　　　　明
0	无功能	即使有信号输入变频器也不动作。可将未使用的端子设定无功能防止误动作
1	正转运行（FWD）	通过外部端子来控制变频器正转与反转
2	反转运行（REV）	
3	三线式运行控制	通过此端子来确定变频器运行方式是三线控制模式
4	正转点动（FJOG）	FJOG 为点动正转运行，RJOG 为点动反转运行
5	反转点动（RJOG）	
6	端子 UP	由外部端子给定频率时修改频率递增指令、递减指令。在频率源设定为数字设定时可上下调节设定频率
7	端子 DOWN	
8	自由停车	变频器封锁输出，电机停车过程不受变频器控制。对于大惯量的负载而且对停车时间没有要求时，经常所采取的方法。此方式和 F6-10 的自由停车的含义是相同的

项目 **4** 变频器的运行与控制

设 定 值	功　　能	说　　　　　明
9	故障复位（RESET）	外部故障复位功能。与键盘上的 RESET 键功能相同。用此功能可实现远距离故障复位
10	运行暂停	变频器减速停车，但所有运行参数均为记忆状态。如 PLC 参数、摆频参数、PID 参数。此信号消失后，变频器恢复运行到停车前状态
11	外部故障常开输入	当外部故障信号送给变频器后，变频器报出故障并停机
12	多段速端子 1	
13	多段速端子 2	可通过此四个端子的数字状态组合共可实现 16 段速的设定。详细组合见表 4-9
14	多段速端子 3	
15	多段速端子 4	
16	加减速时间选择端子 1	通过此两个端子的数字状态组合来选择 4 种加减速时间，见表 4-10
17	加减速时间选择端子 2	
18	频率源切换	当频率源选择（F0-07）设为 2 时，通过此端子来进行主频率源 X 和辅率源 Y 切换。当频率源选择（F0-07）设为 3 时，通过此端子来进行主频率源 X 与（率 X + 辅助频率 Y）切换。当频率源选择（F0-07）设为 4 时，通过此端子来进行辅助频率源 Y 与（主频率源 X + 辅助频率源 Y）切换
19	UP/DOWN 设定清零（端子、键盘）	当频率给定为数字频率给定时，用此端子可清除 UP/DOWN 改变的频值，使给定频率恢复到 F0-08 设定的值
20	运行命令切换端子	当命令源（F0-02）设为 1 时，通过此端子可以进行端子控制与键盘控制的切换。当命令源（F0-02）设为 2 时，通过此端子可以进行通信控制与键盘控制的切换
21	加减速禁止	保证变频器不受外来信号影响（停机命令除外），维持当前输出频率
22	PID 暂停	PID 暂时失效，变频器维持当前频率输出
23	PLC 状态复位	PLC 在执行过程中暂停，再运行时可通过此端子有效地恢复到简易 PLC 的初始状态
24	摆频暂停	变频器以中心频率输出，摆频暂停
25	记数器输入	记数脉冲的输入端子
26	计数器复位	进行计数器状态清零
27	长度计数输入	长度计数的输入端子
28	长度复位	长度清零
29	转矩控制禁止	禁止变频器进行转矩控制方式
30	PULSE（脉冲）频率输入（仅对 DI5 有效）	为脉冲输入端子
31	保留	
32	直流制动命令	该端子有效，变频器直接切换到直流制动状态
33	外部故障常闭输入	当外部故障信号送给变频器后，变频器报出故障并停机
34	频率修改使能	若该功能被设置为有效，则当频率有改变时，变频器不响应频率的更改，直到该端子状态有效
35	PID 作用方向取反	该端子有效时，PID 作用方向与 FA-03 设定的方向相反
36	外部停车端子 1	键盘控制时，可用该端子使变频器停机，相当于键盘上 STOP 键的功能
37	控制命令切换端子 2	用于在端子控制和通信控制之间的切换。若命令源选择为端子控制，则该端子有效时系统切换为通信控制；反之亦反

设定值	功　　能	说　　　　明
38	PID 积分暂停	该端子有效时，则 PID 的积分调节功能暂停，但 PID 的比例调节和微分调节功能仍然有效
39	频率源 X 与预置频率切换	该端子有效，则频率源 X 用预置频率 (F0-08) 替代
40	频率源 Y 与预置频率切换	该端子有效，则频率源 Y 用预置频率 (F0-08) 替代
41	电机选择端子 1	通过这两个端子的 4 种状态，可以实现 4 组电机参数切换的，详细内容见
42	电机选择端子 2	MD380 系列变频器使用手册
43	PID 参数切换	当 PID 参数切换条件为 DI 端子时 (FA-18=1)，该端子无效时，PID 参数使用 FA-05～FA-07；该端子有效时则使用 FA-15～FA-17
44	用户自定义故障 1	用户自定义故障 1 和 2 有效时，变频器分别报警 ERR27 和 ERR28，变频
45	用户自定义故障 2	器会根据故障保护动作选择 F9-49 所选择的动作模式进行处理
46	速度控制 / 转矩控制切换	使变频器在转矩控制与速度控制模式之间切换。该端子无效时，变频器运行于 A0-00(速度 / 转矩控制方式) 定义的模式，该端子有效则切换为另一种模式
47	紧急停车	该端子有效时，变频器以最快速度停车，该停车过程中电流处于所设定的电流上限。该功能用于满足在系统处于紧急状态时，变频器需要尽快停机的要求
48	外部停车端子 2	在任何控制方式下（面板控制、端子控制、通信控制），可用该端子使变频器减速停车，此时减速时间固定为减速时间 4
49	减速直流制动	该端子有效时，变频器先减速到停机直流制动起始频率，然后切换到直流制动状态

多段速频率设定表见表 4-90。

表 4-9　多段速频率设定表

K4	K3	K2	K1	频率设定	对应参数
OFF	OFF	OFF	OFF	多段速 0	FC-00
OFF	OFF	OFF	ON	多段速 1	FC-01
OFF	OFF	ON	OFF	多段速 2	FC-02
OFF	OFF	ON	ON	多段速 3	FC-03
OFF	ON	OFF	OFF	多段速 4	FC-04
OFF	ON	OFF	ON	多段速 5	FC-05
OFF	ON	ON	OFF	多段速 6	FC-06
OFF	ON	ON	ON	多段速 7	FC-07
ON	OFF	OFF	OFF	多段速 8	FC-08
ON	OFF	OFF	ON	多段速 9	FC-09
ON	OFF	ON	OFF	多段速 10	FC-10
ON	OFF	ON	ON	多段速 11	FC-11
ON	ON	OFF	OFF	多段速 12	FC-12
ON	ON	OFF	ON	多段速 13	FC-13

项目 **4** 变频器的运行与控制

续表

K4	K3	K2	K1	频率设定	对应参数
ON	ON	ON	OFF	多段速14	FC-14
ON	ON	ON	ON	多段速15	FC-15

加减速时间选择见表4-10。

表4-10 加减速时间选择

端子2	端子1	加减速时间选择	对应参数
OFF	OFF	加减速时间1	F0-17、F0-18
OFF	ON	加减速时间2	F8-03、F8-04
ON	OFF	加减速时间3	F8-05、F8-06
ON	ON	加减速时间4	F8-07、F8-08

2 汇川MD380系列变频器的运转方向端子控制方式

汇川 MD380 系列变频器对于电机正反转控制提供了四种不同方式，通过参数 F4-11 设定，如表4-11所示，该参数定义了通过外部端子控制变频器运行的四种不同方式。

表4-11 端子命令方式

	端子命令方式	出厂值	0
F4-11	设定范围	0	两线式1
		1	两线式2
		2	三线式1
		3	三线式2

当F4-11设定为0时，采用两线式模式1。此模式为最常使用的两线模式。由FWD、REV端子命令来决定电机的正、反转，如图4-2所示。

当F4-11设定为1时，采用两线式模式2。用此模式时FWD为使能端子。方向由REV的状态来确定，如图4-3所示。

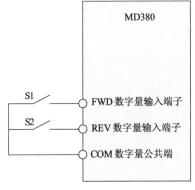

图4-2 两线式1接线方式

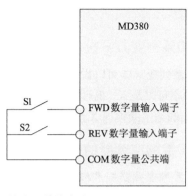

S1	S2	运行命令
0	0	停止
0	1	停止
1	0	正转
1	1	反转

图 4-3　两线式 2 接线方式

当 F4-11 设定为 2 时，采用三线式控制模式 1。此模式 DIn 为使能端子，方向分别由 FWD、REV 控制。但是脉冲有效，在停车时须通过断开 DIn 端子信号来完成，如图 4-4 所示。

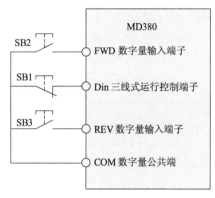

图 4-4　三线式 1 接线方式

其中 SB1 为停止按钮，SB2 为正转按钮，SB3 为反转按钮。DIn 为 DI1 ～ DI5（若选用多功能输入输出扩展卡则为 DI1 ～ DI10）的多功能输入端子，此时应将其对应的端子功能定义为 3 号功能"三线式运转控制"。

当 F4-11 设定为 3 时，采用三线式控制模式 2。此模式的使能端子为 DIn，运行命令由 FWD 来给出，方向由 REV 的状态来决定。停机命令通过断开 DIn 的信号来完成，如图 4-5 所示。

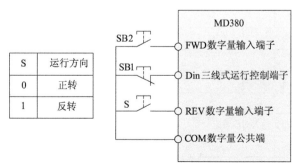

S	运行方向
0	正转
1	反转

图 4-5　三线式 2 接线方式

其中 SB1 为停止按钮，SB2 为运行按钮，DIn 为 DI1 ～ DI5（若选用多功能输入输出扩展卡则为 DI1 ～ DI10）的多功能输入端子，此时应将其对应的端子功能定义为 3 号功能"三线

式运转控制"。

3 汇川MD380系列变频器控制频率来源

汇川 MD380 系列变频器可以设置两个频率来源，一个是主频率源 X，一个是辅助频率源 Y。最终输出的频率可以是 X，也可以是 Y，还可以是这两者运算的结果，由参数 F0-07 设定。默认情况下，输出的是主频率源 X。

4 汇川MD380系列变频器的多功能模拟量输入端子

汇川 MD380 系列变频器标准单元提供 2 个模拟量输入端子 AI1 和 AI2，可选件 I/O 扩展卡提供了 1 个模拟量输入端子(AI3)。其中 AI1、AI3 为 0 ～ 10 V 电压型输入，AI2 可为 0 ～ 10 V 电压输入，也可为 4 ～ 20 mA 电流输入。AI2 的输入由 J8 跳线选择，跳线 J8 在"V"标识位置，可接收 0 ～ 10 V 信号，跳线 J8 在"I"标识位置，则可接受 4 ～ 20 mA 电流信号。

AI 端子可以用来作为频率给定使用，也可以作为 PID 控制中的给定值的来源和反馈值的来源，还具有给定最大最小频率等功能。参数组 F4 中的部分参数用于设置 AI1、AI2、AI3 的输入信号与输入值（百分比）之间的线性关系，如表 4-12 所示。其中与 AI1 相关的参数为 F4-13 ～ F4-17，与 AI2 相关的参数为 F4-18 ～ F4-22，与 AI3 相关的参数是 F4-23 ～ F4-27。

表 4-12 AI 端子相关设置

F4-13	AI1 最小输入	出厂值	0.00 V
	设定范围	0.00 ～ 10.00 V	
F4-14	AI1 最小输入对应设定	出厂值	0.00%
	设定范围	−100.0% ～ 100.0%	
F4-15	AI1 最大输入	出厂值	10.00 V
	设定范围	0.00 ～ 10.00 V	
F4-16	AI1 最大输入对应设定	出厂值	100.0%
	设定范围	−100.0% ～ 100.0%	
F4-17	AI1 输入滤波时间	出厂值	0.10 s
	设定范围	0.00 ～ 10.00 s	
F4-18	AI2 最小输入	出厂值	0.00 V
	设定范围	0.00 ～ 10.00 V	
F4-19	AI2 最小输入对应设定	出厂值	0.00%
	设定范围	−100.0% ～ 100.0%	
F4-20	AI2 最大输入	出厂值	10.00 V
	设定范围	0.00 ～ 10.00 V	
F4-21	AI2 最大输入对应设定	出厂值	100.0%
	设定范围	−100.0% ～ 100.0%	
F4-22	AI2 输入滤波时间	出厂值	0.10 s
	设定范围	0.00 ～ 10.00 s	

F4-23	AI3 最小输入	出厂值	0.00 V
	设定范围	$0.00 \sim 10.00$ V	
F4-24	AI3 最小输入对应设定	出厂值	0.00%
	设定范围	$-100.0\% \sim 100.0\%$	
F4-25	AI3 最大输入	出厂值	10.00 V
	设定范围	$0.00 \sim 10.00$ V	
F4-26	AI3 最大输入对应设定	出厂值	100.0%
	设定范围	$-100.0\% \sim 100.0\%$	
F4-27	AI3 输入滤波时间	出厂值	0.10 s
	设定范围	$0.00 \sim 10.00$ s	

表 4-12 中所示的功能码定义了模拟输入电压与模拟输入代表的设定值的关系（模拟输入为电流输入时，1 mA 电流相当于 0.5 V 电压），当模拟输入量超过设定的最大输入或最小输入的范围，以外部分将以最大输入或最小输入计算。

5 汇川MD380系列变频器的多功能脉冲输入端子功能设定

对于汇川 MD380 系列变频器，当其 DI5 端子的功能被设置为"脉冲输入端子"时（即 F4-04 设置成 30 时），该端子即为脉冲输入源。此脉冲输入源与模拟量输入源类似，可以用来作为频率给定使用，也可以作为 PID 控制中的给定值的来源和反馈值的来源，还具有给定最大 / 最小频率等功能。参数组 F4 中的部分参数用于此脉冲源的输入频率与输入值（百分比）之间的线性关系，如表 4-13 所示。

表 4-13 脉冲输入端子相关设置

F4-28	脉冲输入最小频率	出厂值	0.00 kHz
	设定范围	$0.00 \sim 50.00$ kHz	
F4-29	脉冲最小输入对应设定	出厂值	0.00%
	设定范围	$-100.0\% \sim 100.0\%$	
F4-30	脉冲输入最大频率	出厂值	50.00 kHz
	设定范围	$0.00 \sim 50.00$ kHz	
F4-31	脉冲最大输入对应设定	出厂值	100.0%
	设定范围	$-100.0\% \sim 100.0\%$	
F4-32	脉冲输入滤波时间	出厂值	0.10 s
	设定范围	$0.00 \sim 10.00$ s	

6 汇川MD380系列变频器的输出端子

MD380 系列变频器标准单元有 1 个多功能数字量输出端子，1 个多功能继电器输出端子，1 个 FM 端子（可作为高速脉冲输出端子，也可作为集电极开路输出），1 个多功能模拟量输出端子。如需要增加继电器输出端子及模拟量输出端子，则须选配多功能输入输出扩展卡。多功能输入输出扩展卡在输出方面增加有 1 个多功能继电器输出端子（继电器 2），1 个多功能数字量输出端子（DO2），1个多功能模拟量输出端子（AO2）。

其中模拟量输出端子 AO1 和 AO2 的功能分别由参数 F5-07 和 F5-08 来设定。这两个参数的设定值如表 4-14 所示。

表 4-14　F5-07、F5-08 设定值

设定值	功　能	范　围
0	运行频率	0～最大输出频率
1	设定频率	0～最大输出频率
2	输出电流	0～2倍电机额定电流
3	输出转矩	0～2倍电机额定转矩
4	输出功率	0～2倍额定功率
5	输出电压	0～1.2倍变频器额定电压
6	脉冲输入	0.1～50.0 kHz
7	AI1	0～10 V
8	AI2	0～10 V/0～20 mA
9	AI3	0～10 V
10	长度	0～最大设定长度
11	计数值	0～最大计数值
12	通信设定	
13	电机转速	0～最大输出频率对应的转速
14	输出电流	0.0A～1000.0 A
15	输出电压	0.0V～1000.0 V
16	输出转矩（实际值）	−2倍电机额定转矩～2倍电机额定转矩

模拟量输出端子的标准输出为 0～10 V 或 0～20 mA，通过跳线来控制。标准输出是指的零偏为 0，增益为 1 的情况。如果需要另行设定输出模拟量与对应值之间的线性关系，可以通过修改 AO1 和 AO2 的零偏和增益来实现，设置 AO1、AO2 零偏和增益的参数为 F5-10～F5-13，如表 4-15 所示。

表 4-15　AO1、AO2 零偏、增益参数设置

F5-10	AO1 零偏系数	出厂值	0.0%
	设定范围	−100.0%～100.0%	
F5-11	AO1 增益	出厂值	1.00
	设定范围	−10.0～10.0	
F5-12	AO2 零偏系数	出厂值	0.0%
	设定范围	−100.0%～100.0%	
F5-13	AO2 增益	出厂值	1.00
	设定范围	−10.0～10.0	

若零偏用 b 表示，增益用 k 表示，实际输出用 Y 表示，标准输出用 X 表示，则实际输出为 $Y=kX+b$；AO1、AO2 零偏系数 100% 对应 10V（20 mA）。标准输出是指输出 0～10 V（20 mA）对应模拟输出表示的 0～最大值，一般用于修正模拟输出的零漂和输出幅值的偏差。

也可以自定义为任何需要的输出曲线：例如：若模拟输出内容为运行频率，希望在频率为 0 时输出 8 V（16 mA），频率为最大频率时输出 3 V（6 mA），则增益应设为 −0.50，零偏应设为 80%。

工作内容1

使用两个外部开关 SB1、SB2，实现电动机的正反转控制。其中 SB1 闭合为正转启动控制信号，SB2 闭合为反转启动控制信号，启动以后电机按照额定转速旋转，要求启动时间和停止时间均为 5s。画出接线图，设定变频器参数。

任务实施1

根据前面步骤，完成 MD380 系列变频器实现正反转控制的实施步骤及参数，写出工作要点（见表 4-16）。

表 4-16　实施步骤

序　号	步　骤	实 施 细 节	工 作 要 点
1	变频器的型号选择	MD380T2.2	
2	变频器的接线		
3	变频器的功能参数	F0−08= F4−00= F4−01= F4−14= F0−17= F0−18= F0−19=	
4	变频器的调试	通过调试实现：用外部开关 SB1、SB2 分别实现电机的正转启动和反转启动，加减速时间均为 5s	
5	调试结果及调试中的问题分析及解决	调试结果 问题及解决方法	
6	评价	完成功能测试表和评价表	

功能测试(见表4-17)

表 4-17 功能测试表

操作步骤 \ 结果 \ 观察项目	根据不同的 F4-11 的值，改变开关状态，记录电机运转情况	
	F4-11=0	F4-11=1
SB1 断开、SB2 断开		
SB1 接通、SB2 断开		
SB1 断开、SB2 接通		
SB1 接通、SB2 接通		

评价（见表4-18）

表 4-18 评 价 表

评价表 ____学年		工作形式 □个人 □小组分工 □小组		工作时间（60min）	
任务	训练内容	训练要求		学生自评	教师评分
变频器外端子控制运行	1. 工作步骤及电路图纸，20分	工作步骤设计合理，电路图纸符合《电气图用图形符号》规定，电路原理正确			
	2. 线路连接，10分 导线的选择与端子接线	能够正确选择导线的颜色和线径，会使用电气接线工具，接线符合电气控制接线标准			
	3. 参数设置，30分 完成参数设置	能设置变频器运行参数及电动机参数，会根据功能要求设置变频器的功能参数			
	4. 测试与功能，30分，全面检测整个装置	能够正确操作变频器进行变频器功能测试，会全面检测变频调速系统的安全性和可靠性			
	5. 职业素养与安全意识，10分	现场安全保护；工具器材等处理操作符合职业要求；分工合作；遵守纪律，保持工位整洁			

工作内容2

使用两个外部开关 SB1、SB2，实现电动机的正反转控制。要求如下：

分别使用 0～10V 的电压信号源和 4～20mA 的电流信号源两种方式来控制电动机的转速。SB1 闭合则正转运行，SB2 闭合则反转运行，启动时间和停止时间均为5s，调节信号源使电机从停止到最大转速。同时在变频器的输出端输出与实际运行频率相对应的模拟电压信号 V_o，用万用表测量其输出电压并记录，要求从停止到最大频率对应模拟量为 1～5V。请根据所选择的变频器型号分别绘制出电气原理图，并按照原理图接线。给出参数设定表，记录操作过程。

任务实施2

根据前面步骤，写出汇川 MD380 系列变频器实现模拟量控制的实施步骤及参数，如表 4-19 所示。

表 4-19　实施步骤

序　号	步　骤	实施细节	
		汇川变频器 MD380 系列	
1	变频器的型号选择	MD380T2.2	
2	变频器的接线	电压源给定	电流源给定
3	变频器的功能参数		
4	变频器的调试	通过调试实现：调整电流源及电压源的输出，改变电动机的转速。观察模拟量输出	
5	调试结果及调试中的问题分	调试结果 问题及解决方法	
6	评价	完成功能测试表和评价表	

功能测试（见表4-20）

表 4-20　功能测试表

操作步骤	改变信号源输出，观察电机转速					
	电压源 /N	转速	输出电压 V_o/V	电流源 /mA	转速	输出电压 V_o/V
按下 SB1	0			4		
	2.5			8		
	5			12		
	7.5			16		
	10			20		
按下 SB2	0			4		
	2.5			8		
	5			12		
	7.5			16		
	10			20		

评价（见表4-21）

表4-21 评 价 表

评价表 ____学年		工作形式 个人　小组分工　小组	工作时间（90min）	
任务	训练内容	训练要求	学生自评	教师评分
变频器的频率 模拟量给定	1. 工作步骤及电路图 纸，20分	工作步骤设计合理，电路图纸符合《电气图用图形符号》规定，电路原理正确		
	2. 线路连接，10分 导线的选择与端子接线	能够正确选择导线的颜色和线径，会使用电气接线工具，接线符合电气控制接线标准		
	3. 参数设置，30分 完成参数设置	能设置变频器运行参数及电动机参数，会根据功能要求设置变频器的功能参数		
	4. 测试与功能，30分， 全面检测整个装置	能够正确操作变频器进行变频器功能测试，会全面检测变频调速系统的安全性和可靠性		
	5. 职业素养与安全意识，10分	现场安全保护；工具器材等处理操作符合职业要求；分工合作；遵守纪律，保持工位整洁		

工作内容3

根据所选择的 PLC 以及变频器的型号，绘制出电气原理图，并按照原理图接线。编制 PLC 程序，给出变频器参数设定表，记录操作过程。要求如下：

一条轨道上有一台小车，有电动机驱动，电机正转驱动小车右行前进，电机反转驱动小车左行后退。轨道上有四个行程开关 SQ1 ~ SQ4，有一启动按钮 SB。如图 4-6 所示。使用 PLC 与变频器完成下列控制。当小车位于 SQ1 位置时，操作员按下启动按钮，要求电机以 50% 的额定转速驱动小车前进至 SQ2，再以 90% 的额定转速启动小车至 SQ3，再以 20% 的额定转速启动小车至 SQ4，停 1s，小车以 60% 的额定转速启动小车回到 SQ1，一个循环结束，此时操作员再次按下启动按钮，重复以上流程。

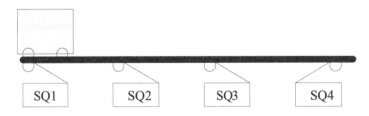

图 4-6　轨道小车示意图

任务实施3

根据 MD380 系列的实现步骤，写出三菱 A740 系列变频器实现 PLC 控制的实施步骤及工作要点，如表 4-22 所示。

表 4-22 实施步骤

序　号	步　骤	实　施　细　节	工　作　要　点
1	变频器的型号选择	MD380T2.2	
2	PLC 的型号选择		
3	变频器、PLC 的接线		
4	变频器的功能参数		
5	PLC 程序的编制		
6	运行调试	通过调试实现：小车按照要求流程运行	
7	调试结果及调试中的问题分	调试结果： 问题及解决方法：	
8	评价	完成评价表及实施步骤表	

评价（见表4-23）

表4-23 评价表

评价表 _____学年		工作形式 □个人 □小组分工 □小组	工作时间（180min）	
任务	训练内容	训练要求	学生自评	教师评分
变频器的PLC控制	1.工作步骤及电路图纸，20分	工作步骤设计合理，电路图纸符合《电气图用图形符号》规定，电路原理正确		
	2.线路连接，10分 导线的选择与端子接线	能够正确选择导线的颜色和线径，会使用电气接线工具，接线符合电气控制接线标准		
	3.参数设置，30分 完成参数设置	能设置变频器运行参数及电动机参数，会根据功能要求设置变频器的功能参数		
	4.测试与功能，30分，全面检测整个装置	能够正确操作变频器进行变频器功能测试，会全面检测变频调速系统的安全性和可靠性		
	5.职业素养与安全意识，10分	现场安全保护；工具器材等处理操作符合职业要求；分工合作；遵守纪律，保持工位整洁		

任务3 变频器的多段速及点动运行控制

任务目标

（1）熟悉变频器的多段速和点动控制功能端子及接线；

（2）掌握变频器多段速和点动功能参数设定和修改；

（3）能够实施多段速控制。

相关知识

变频器的多段速功能及其参数

多段速功能是用数字输入端子的高低电平来组合调整实现多段速度运行。多段速用于每一段速度固定的多级变速系统，多段速运行时变频器可通过外部开关量信号切换运行频率。多段速的输出频率是有级的，每级频率均可在变频器参数上事先设置好。多段速运行曲线如图4-7所示。

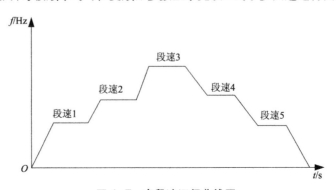

图4-7 多段速运行曲线图

对于不需要连续调整变频器运行频率，只须使用若干个频率值的应用场合，可使用多段速控制时，MD380 最多可以设定 16 段运行频率，可通过 4 个 DI 输入信号的组合来选择，将 DI 端口对应的功能码设置为 12 ～ 15 的功能值，即指定成了多段速频率指令输入端口，而所需的多段频率则通过 FC 组的多段频率来设定，将"频率源选择"指定为多段频率给定方式，并把"命令源选择"设为"端子命令通道"如图 4-8 所示。其中多段速 0 的给定方式由 FC-51 确定，FC-51 参数功能如表 4-24 所示。

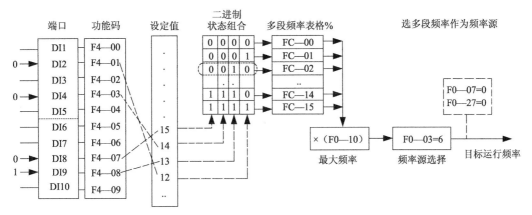

图 4-8　多段速度模式的设置

表 4-24　FC-51 参数功能表

多段速 0 给定方式		出厂值	0
FC-51	设定范围	0	功能码 FC-00 给定
		1	AI1
		2	AI2
		3	AI3
		4	PULSE 脉冲
		5	PID
		6	预置频率 (F0-08) 给定，UP/DOWN 可修改

MD380 系列变频器标配 5 个多功能数字输入端子，在 MD380 小型变频器多段速运行中，若设 DI1 为多段速端子 3，则 F4-00 只能设为 14，DI1 作为多段速端子 4 时，F4-01 只能设为 15. 即由 DI1 和 DI2 组合产生的是第 5 ～ 13 段速。若用 DI4 和 DI5 作为多段速端子 1 和 2，则 F4-03 只能设为 12，而 F4-04 只能设为 13. 产生第 1 ～ 4 段速。DI2、DI1、DI5、DI4，组合可以实现 16 速。在设定段速频率过程中，实际运行速度并非 FC-01 设定值，而是 FC-01 设定值% ×F0-10。即若 FC-01 设定为 10，F0-10=50，则目标频率数值为 10% ×50=5，单位为 Hz。

2 变频器的点动功能及其参数

在许多应用场合，需要变频器短暂低速运行，便于测试设备的状况，或其他调试动作。这时采用点动运行是比较方便的，点动运行曲线如图 4-9 所示。

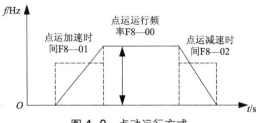

图 4-9　点动运行方式

1. 通过操作面板点动运行的参数设置与操作

如图 4-10 所示，设置相关功能参数后，在变频器停机状态下，按下 MF.K 键，变频器开始低速正转运行，释放 MF.K 键，变频器即减速停机。若要点动反转运行，需设 F7-01=4，并设 F8-13=0，即允许反转运行，再按 MF.K 键操作即可。

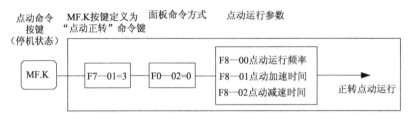

图 4-10　操作面板点动运行

2. 通过DI端口点动运行的参数设置与操作

有些需要频繁使用点动操作的生产设备上，如纺织机械，用按键或者按钮控制点动会更方便，相关功能设置码如图 4-11 所示。

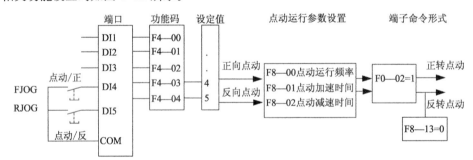

图 4-11　通过 DI 端口点动运行

图 4-11 中设置相关功能码参数后，在变频器停机状态下，按下 FJOG 按钮，变频器开始低速运行，释放 FJOG 按钮，变频器减速停机。同样，按 RJOG 按钮可进行反转点动操作。

工作内容1

利用 MD380 变频器实现 1.5kW 三相异步电动机的多段速控制，实现按不同的按键实现变频器 10Hz、20Hz、30Hz 输出，完成硬件连接，功能参数设置，功能调试。

任务实施1

任务中以汇川 MD380 系列变频器为例给出实施步骤，写出其工作要点，如表 4-25 所示。

表 4-25　实施步骤

序　号	步　骤	实 施 细 节	工 作 要 点
1	变频器的型号选择	MD380T2.2	
2	变频器的接线	L1 R U 1M L2 S V L3 T W MD380D2.2 SB1 DI4 SB2 DI5 SB3 DI1 COM	
3	变频器功能参数设置	F0-02= F0-03= F4-00= F4-03= F4-04= FC-00= FC-01= FC-02=	
4	变频器调试	空载运行，先调试空载能否运行，记录运行结果 负载运行，空载运行成功后，进入负载运行 此时把端子 DI1 设为点动运行方式，即 F4-00=4	
5	调试遇到的问题分析及解决	按功能测试表调试并填写功能测试表。 遇到的问题及解决方法	
6	评价	完成评价表和功能测试表	

功能测试（见表4-26）

表 4-26　功能测试表

操作步骤 ＼ 观察项目 结果	面板显示		
	频率 /Hz	电压 /V	电流 /mA
1.接通变频器电源			
2.接通 SB1			
3.接通 SB3			
4.断开 SB1，接通 SB2			
5.接通 SB1			

评价（见表4-27）

表4-27 评 价 表

评价表 _____学年		工作形式 □个人 □小组分工 □小组		工作时间 (90min)	
任 务	训 练 内 容	训 练 要 求		学生自评	教师评分
变频器的多段速运行	1. 工作步骤及电路图纸，20分	工作步骤准确，电路图设计合理正确，图纸符合《电气图用图形符号》规定			
	2. 线路连接，10分	能够正确选择导线的颜色和线径，会使用电气接线工具，接线符合电气控制接线标准			
	3. 参数设置，30分	能设置变频器运行参数及电动机参数			
	4. 测试与功能，30分，全面检测整个装置	能够正确进行变频器功能测试，会全面检测变频调速系统的安全性和可靠性			
	5. 职业素养与安全意识，10分	现场安全保护；工具器材等处理操作符合职业要求；分工合作；遵守纪律，保持工位整洁			

工作内容2

利用MD380变频器实现2.2kW三相异步电动机的外部按钮控制点动运行，完成硬件连接，功能参数设置，功能调试。

任务实施2

任务中以汇川MD380系列变频器为例给出实施步骤，写出各步骤的工作要点，如表4-28所示。

表4-28 实施步骤

序 号	步 骤	实 施 细 节	工 作 要 点
1	变频器的型号选择	MD380T2.2	
2	变频器的接线		
3	变频器功能参数设置	F0-02= F4-01= F4-04= F8-00= F8-01= F8-02= F8-13=	
4	变频器调试	1. 按下FJOG，查看运行频率、电压，电流。 2. 按下RJOG，查看运行频率、电压，电流	
5	调试遇到的问题分析及解决	按功能测试表调试并填写功能测试表。 遇到的问题及解决方法	
6	评价	完成评价表和功能测试表	

功能测试（见表4-29）

表4-29 功能测试表

观察项目 结果 操作步骤	面板显示		
	频率 /Hz	电压 /V	电流 /mA
1. 接通变频器电源			
2. 按下 FJOG			
3. 松开 FJOG			
4. 按下 RJOG			
5. 松开 RJOG			

评价（见表4-30）

表4-30 评 价 表

评价表 ＿＿＿＿学年		工作形式 □个人 □小组分工 □小组		工作时间 (90 min)	
任务	训练内容	训练要求		学生自评	教师评分
变频器的点动运行	1. 工作步骤及电路图纸，20 分	工作步骤准确，电路图设计合理正确，图纸符合《电气图用图形符号》规定			
	2. 线路连接，10 分	能够正确选择导线的颜色和线径，会使用电气接线工具，接线符合电气控制接线标准			
	3. 参数设置，30 分	能设置变频器运行参数及电动机参数			
	4. 测试与功能，30 分，全面检测整个装置	能够正确进行变频器功能测试，会全面检测变频调速系统的安全性和可靠性			
	5. 职业素养与安全意识，10 分	现场安全保护；工具器材等处理操作符合职业要求；分工合作；遵守纪律，保持工位整洁			

▶ 任务4 变频器的启停控制及加减速调整

🖊️ 任务目标

（1）熟悉变频器的停止动作；

（2）了解直流制动原理；

（3）了解变频器的启动过程；

（4）熟悉变频器的加减速方式；

（5）能够设定变频器的启动、停止、制动及加减速控制参数。

相关知识

1 变频器的启停控制

1. 启停信号的来源

变频器的启停控制命令有 3 个来源，分别是面板控制、端子控制、通信控制，3 个来源的选

择通过功能参数来选择，MD380 变频器通过功能参数 F0-02 来选择。F0-02 参数定义如表 4-31 所示。

表 4-31　启停控制命令源参数

F0-02	命令源选择		出厂值：0	说　明
	设定范围	0	操作面板命令通道（LED 灭）	按 RUN、STOP 键起停机
		1	端子命令通道（LED 亮）	需要将 DI 端定义为启停命令端
		2	通信命令通道（LED 闪烁）	采用 MODBUS-RTU 协议

（1）面板启停控制

通过变频器的面板操作，使功能码 F0-02=0，即为面板启停方式，按下键盘上的 RUN 键，变频器即开始运行（RUN 指示灯亮）；在变频器运行状态下，按下键盘上的 STOP 键，变频器即停止运行（RUN）指示灯灭。

（2）端子启停控制

端子启停控制方式适合采用拨动开关、电磁开关按钮作为应用系统启停的场合，也适合控制器以干接点信号控制变频器运行的电气设计。

MD380 提供了多种端子控制方式，通过功能码 F4-11 确定开关信号模式、功能码 F4-00～F4-09 确定启停控制信号的输入端口。具体设定方法，附录中参数列表有相关介绍。图 4-12 给出用拨动开关作为变频器的起停开关，将 DI3、DI4 作为正转、反转运行开关接口对应的参数设置。

图 4-12 中 SW1 开关闭合时，变频器正向运行，SW1 开关断开时，变频器停机；而 SW2 开关闭合时，变频器反向运行，SW2 开关断开时，变频器停机；SW1 和 SW2 同时闭合，或同时断开，变频器都会停止运行。

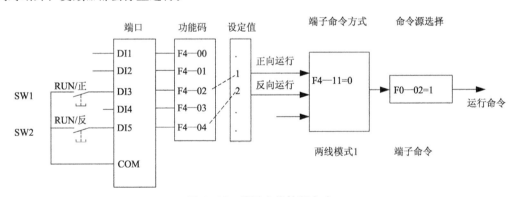

图 4-12　端子启停控制方式

（3）通信启停控制

上位机以通信方式控制变频器运行的应用已越来越多，如通过 RS-485、Profibus-DP，CANlink.CANopen 等网络，都可以和 MD380 变频器进行通信（见图 4-13）。关于通信控制部分在项目 5 中将会详细介绍，这里不再赘述。

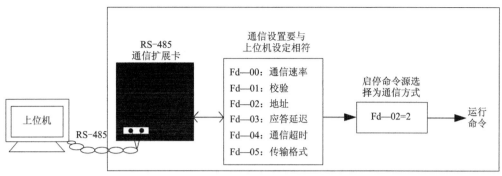

图 4-13　上位机与 MD380 变频器通过 RS485 通信

工作内容1

利用调节 MD380 制动时间的方法来实现变频器的直接启动。完成硬件连接,功能参数设置,功能调试。

相关知识

变频器的启动方式分为 3 种:直接启动、转速跟踪再启动、异步机预励磁启动。这里先介绍变频器的直接启动。

若启动直流制动时间设置为 0 时,从启动频率开始启动。启动直流制动时间设置不为 0 时,实行先直流制动再启动。适用小惯性负载在启动时可能产生反转的场合。

MD380 变频器直接启动方式如图 4-14 所示。

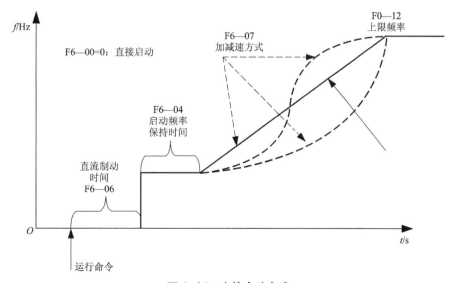

图 4-14　直接启动方式

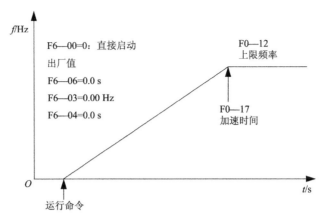

图 4-14　直接启动方式（续）

任务实施1

任务中以汇川 MD380 系列变频器为例给出实施步骤，写出各步骤工作要点如表 4-32 所示。

表 4-32　实　施　步　骤

序　号	步　骤	实 施 细 节	工 作 要 点
1	变频器的型号选择	MD380T2.2G	
2	变频器的接线		
3	变频器的参数	F0-03=0　频率源为数字给定 F0-08=　设定数字给定频率 F6-03=　设定启动频率 F6-04=　设定启动频率保持时间 F6-05=　启动直流制动电流，设定值 0%～100% F6-06=　启动直流制动时间，设定范围 0.0～36s	
4	变频器的调试	任意设定 F0-08、F6-03、F6-04 的值，观察在 F0-08<F6-03 及 F0-08>F6-03 两种情况下变频器的运行状态。 设定好能直接启动的频率参数，改变 F6-05、F6-06 的设定值，观察运行有何不同。	
5	调试遇到的问题分析及解决	按功能测试表调试并填写功能测试表。 遇到的问题及解决方法	
6	评价	完成评价表和功能测试表	

功能测试（见表4-33）

表4-33　功能测试表

操作步骤 \ 结果 \ 观察项目	运行频率 /Hz	启动频率 /Hz	运 行 状 态
设定 F0-08<F6-03			
设定 F0-08>F6-03			
改变 F6-05			
改变 F6-06			

评价（见表4-34）

表4-34　评　价　表

评分表 _____学年		工作形式 □个人　□小组分工　□小组		工作时间 (90 min)	
任务	训练内容	训练要求		学生自评	教师评分
变频器的直接启动	1．工作步骤及电路图纸，20分	工作步骤准确，电路图设计合理正确，图纸符合《电气图用图形符号》规定			
	2．线路连接，10分	能够正确选择导线的颜色和线径，会使用电气接线工具，接线符合电气控制接线标准			
	3．参数设置，30分	能设置变频器运行参数及电动机参数			
	4．测试与功能，30分全面检测整个装置	能够正确进行变频器功能测试，会全面检测变频调速系统的安全性和可靠性			
	5．职业素养与安全意识，10分	现场安全保护；工具器材等处理操作符合职业要求；分工合作，遵守纪律，保持工位整洁			

1 瞬时断电的处理

在变频器的运行过程中，如果主电源发生断电，变频器将自动进入停止状态。但是，由于变频器直流母线上安装了大容量电容器，可维持变频器的短时运行，为了避免电网瞬间中断引起的不必要停机，对于 15 ms 以内的短时电源中断（称为瞬时停电），变频器一般可进行如下处理：

（1）变频器发生"欠电压"报警并停止运行，恢复运行需要进行报警清除处理或重新启动变频器。

（2）变频器减速并继续运行，如瞬时断电不超过规定时间（称瞬时断电补偿时间）则电源恢复后重新加速、恢复正常运行（称为重新启动）；如断电时间超过规定的时间，则发生欠电压报警，停止运行。

变频器的瞬时断电补偿时间与变频器的容量及当前的负载大小有关，变频器容量越大，主电容容量也越大，允许瞬时断电的时间越长。

2 瞬停不停功能

在瞬间停电时变频器不会停机。在瞬间停电或电压突然降低的情况下，变频器降低输出频率，使电机的机械能快速回馈到直流母线主电容上，以维持直流母线的供电，从而维持变频器短时间内继续运行。

3 变频器的重新启动

变频器的瞬时断电重新启动过程如下：

（1）主电源中断，启用瞬停不停功能。

（2）变频器输出频率瞬间下降，然后按参数设定的减速时间迅速下降，电机制动能量回馈到直流母线，维持变频器的继续运行。

（3）如果瞬停不停功能控制时间内电源恢复，并且到达设定启动频率。则变频器重新启动加速到正常运行频率；如果断电持续时间超过了瞬停不停功能维持时间，则封锁逆变管基极，电机进入自由停车状态。

4 异步机预励磁启动

异步电动机预励磁启动如图 4–15 所示，预励磁电流、时间与直流制动电流、时间共用功能码。若启动预励磁时间设置为 0 时，从启动频率开始启动。启动预励磁时间设置不为 0 时，实行先预励磁再启动，提高动态响应速度。

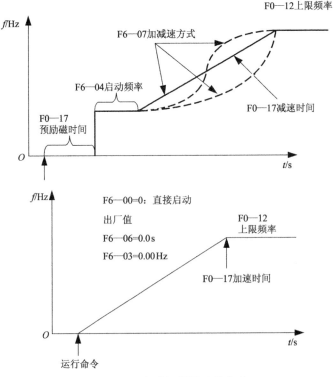

图 4–15 电动机的预励磁启动

5 变频器的转速跟踪再启动

在瞬时停电状态下，变频器能对电机的转速和方向进行判断，再以跟踪到的电机转速相应的频率启动，对旋转中的电机实施平滑无冲击启动。适用大惯性负载的瞬时停电再启动。为保证转速跟踪再启动的性能，须设置准确的电机参数。

为用最短时间完成转速跟踪过程，需要选择变频器跟踪电机转速的方式：

① 从停电时的频率向下跟踪，通常选用这种跟踪方式；

② 从 0 频开始向上跟踪，在停电时间较长再启动的情况下使用；

③ 从最大频率向下跟踪，一般发电型负载使用。

转速跟踪再启动方式时，选择转速跟踪的快慢。参数越大，跟踪速度越快，但过大会引起跟踪不可靠。

工作内容2

利用参数设定的方法实现变频器的转速跟踪再启动，应用外端子命令、及多段速设定频率，完成硬件连接，功能参数设置，功能调试。

任务实施2

任务中以汇川 MD380 系列变频器为例给出转速跟踪再启动的实施步骤，写出各步骤的工作要点，如表 4-35 所示。

表 4-35　实施步骤

序　号	步　骤	实施细节	工　作　要　点
1	变频器的型号选择	MD380T2.2G	
2	变频器的接线		
3	变频器的参数设置	F0-02=1：端子控制。 F0-03=6：频率源选择为多段速。 F0-17：加速时间用户设定（20s）。 F0-18：减速时间用户设定（20s）。 F4-00=1：设 KA1 正转开关。 F4-01=2：KA2 为反转开关。 F4-03=12：KA3 多段速端子 1 开关。 F6-00=1：转速跟踪再启动。 F6-10=0：减速停车。 F6-01=1：从 0 速开始搜索。 F6-02=100：转速跟踪速度（越快越好）。 F8-18=0：无启动保护，即变频器上电时，FC-00=15.00Hz；多段速源为固定频率15Hz	

序 号	步 骤	实 施 细 节	工 作 要 点
4	变频器的调试	1. 先接通 KA3，再接通 KA1，查看面板显示频率、电压、电流。 2. 断开 KA1 2s，再接通 KA，观察现象并写出调试记录	
5	调试遇到的问题分析及解决	按功能测试表调试并填写功能测试表。 遇到的问题及解决方法	
6	评价	完成评价表和功能测试表	

功能测试（见表4-36）

表4-36 功能测试表

观察项目 结果 操作步骤	电压 /V	电流 /mA	频率 /Hz	其 他 现 象
接通 KA3，KA1				
断开 KA1				
2s 后再接通 KA1				
断开 KA1 接通 KA2				
断开 KA2 2s 后再接通				

评价（见表4-37）

表4-37 评 价 表

评分表 _____学年		工作形式 □个人　□小组分工　□小组		工作时间 (90 min)	
任务	训练内容	训练要求		学生自评	教师评分
变频器的转速跟踪再启动	1. 工作步骤及电路图纸，20分	工作步骤准确，电路图设计合理正确，图纸符合《电气图用图形符号》规定			
	2. 线路连接，10分	能够正确选择导线的颜色和线径，会使用电气接线工具，接线符合电气控制接线标准			
	3. 参数设置，30分	能设置变频器运行参数及电动机参数			
	4. 测试与功能，30分，全面检测整个装置	能够正确进行变频器功能测试，会全面检测变频调速系统的安全性和可靠性			
	5. 职业素养与安全意识，10分	现场安全保护；工具器材等处理操作符合职业要求；分工合作；遵守纪律，保持工位整洁			

相关知识

1 变频器的停止

变频器的运行可以通过直接封锁主电路逆变晶体管的基极关闭变频器输出的自由停车、频率逐步降低的减速停止 2 种方式停止。

（1）自由停车：停机命令有效后，变频器立即终止输出。负载按照惯性自由停车。

（2）减速停车：停机命令有效后，变频器按照减速方式及定义的加减速时间降低输出频率，频率降为 0 后停机。

停机命令可以由面板上输入，也可以邮外部多功能端子输入。

2 变频器的直流制动

直流制动（DC Braking，DB）是对电机绕组通入直流制动电流的强制制动方式，使用DB 功能可以加快电机的制动速度，提高停止点的精度。

1）部分直流制动

变频器的直流制动将引起电机发热与产生制动冲击，因此一般只在特定情况下进行。直流制动的控制一般有两种方式：一是当输出频率下降到接近 0 时，自动启动直流制动功能，并保持规定的制动时间；二是通过外部 DI 信号控制直流制动动作，DI 输入 ON 时加入直流制动，OFF 时撤销直流制动。

变频器直流制动电流一般可通过参数予以设定，为防止电机发热与制动冲击，制动电流一般以额定电流的 50% 左右为宜。

部分直流制动主要用在变频器启动和停止过程中。

2）启动直流制动

启动直流制动一般用于先使电机完全停止后再启动。若启动方式为直接启动，则变频器启动时先按设定的启动直流制动电流进行直流制动，经过设定的启动直流制动时间后再开始运行。若设定直流制动时间为 0，则不经过直流制动直接启动。启动直流制动电流是指相对变频器额定电流的百分比。启动直流制动电流越大，制动力越大。

3）停机直流制动

停机直流制动一般用于减速停车中。停机直流制动需要设置以下参数：

（1）停机直流制动起始频率：减速停机过程中，当到达该频率时，开始停机。

（2）停机直流制动等待时间：在停机直流制动开始之前，变频器停止输出，经过该延时后再开始直流制动。用于防止在速度较高时开始直流制动引起的过流故障。

（3）停机直流制动电流：指所加的直流制动量。此值越大，直流制动效果越强。

（4）停机直流制动时间：直流制动量所加的时间。此值为 0 时，表示没有直流制动过程，变频器按所设定的减速停机过程停车。

工作内容3

完成变频器的自由停止及减速停止，利用 MD380 的参数设置，实现变频器自由停止及减速时间为 10s 的减速停止。

任务实施3

任务中以汇川 MD380 系列变频器为例给出实施步骤，完成变频器实现自由停车及减速停车，写出两种停止方式的工作要点，如表 4-38 所示。

表 4-38　实施步骤

序号	步骤	实施细节	
		自由停止	减速停止
1	变频器的型号选择	MD380T2.2	MD380T2.2
2	变频器的接线		
3	变频器功能参数设置	F0-00=1：选择 G 型（恒转矩负载）。 F0-01=2：选择 V/F 控制。 F0-02=0：选择操作面板命令通道。 F0-08=30Hz：设定运行频率为 30Hz。 F6-10=1：选择自由停车。 F0-17=10s：加速时间 10s	F0-00=1：选择 G 型（恒转矩负载）。 F0-01=2：选择 V/F 控制。 F0-02=0：选择操作面板命令通道。 F0-08=30Hz：设定运行频率为 30Hz。 F6-10=0：选择减速停车。 F6-07=0：直线加减速。 F0-17=10s：加速时间 10s。 F0-18=10s：减速时间 1 为 10s。 F6-11=20Hz：停机直流制动起始频率。 F6-12=2s：停机直流制动等待时间。 F6-13=4%：停机直流制动电流。 F6-14=10s：停机直流制动时间
4	变频器调试	按下 RUN 键，等显示频率上升到设定值，按下 STOP 键。观察并记录停车时间及显示频率变化情况	按下 RUN 键，等显示频率上升到设定值，按下 STOP 键。观察并记录停车时间及显示频率变化情况
5	调试遇到的问题分析及解决	按功能测试表调试并填写功能测试表。遇到的问题及解决方法	按功能测试表调试并填写功能测试表。遇到的问题及解决方法
6	评价	完成评价表和功能测试表	

功能测试（见表4-39）

表 4-39　功能测试表

操作步骤 ＼ 观察项目 结果	面板显示			
	自由停车		减速停车	
	按下 RUN 到设定值时间	按下 STOP 到停止时间	按下 RUN 到设定值时间	按下 STOP 到停止时间
按下 RUN 键				
按下 STOP 键				

表4-40　评　价　表

评分表 _____学年		工作形式 □个人　□小组分工　□小组		工作时间 (90min)	
任务	训练内容	训练要求		学生自评	教师评分
变频器的的停止方式	1. 工作步骤及电路图纸，20分	工作步骤准确，电路图设计合理正确，图纸符合《电气图用图形符号》规定			
	2. 线路连接，10分	能够正确选择导线的颜色和线径，会使用电气接线工具，接线符合电气控制接线标准			
	3. 参数设置，30分	能设置变频器运行参数及电动机参数			
	4. 测试与功能，30分，全面检测整个装置	能够正确进行变频器功能测试，会全面检测变频调速系统的安全性和可靠性			
	5. 职业素养与安全意识，10分	现场安全保护；工具器材等处理操作符合职业要求；分工合作，遵守纪律，保持工位整洁			

相关知识

变频器的频率给定与运行控制命令一旦输入，输出频率将自动按照规定的加减速方式进行加减速。

变频器常用的加减速方式有"线性加减速"与"S型加减速"两种。前者是加速度保持不变的加减速方式；后者是加速度变化率保持恒定的加减速方式。使用S型加减速可以减小启动制动冲击。

1 线性加减速（直线加减速）

线性加减速是一种全范围加速度保持不变的加减速方式，如图4-16所示。线性加减速又可以分为单段线性加减速（常用）与两断线性加减速两种类型。

线性加减速的加速度可以通过加减速时间参数进行设定。加减速时间指的是输出频率从0加速到最大输出频率的时间，或是从最大频率减速到0的时间。因此，频率变化量越大，加减速时间越长。

为了适应变频器多电机控制的需要，线性加减速一般可以设定多组加减速时间参数，并可通过外部输入信号进行切换，在部分变频器上还可以根据输出频率自动进行切换加减速时间，实现两段连续加减速。

2 S型加减速（S曲线加减速）

S型加速是加速度变化率保持恒定的加减速方式，它可以降低加减速过程中的机械冲击，改善系统的加减速性能，如图4-17所示。

将S曲线划分为3个阶段的时间，S曲线起始段时间如图4-17中①所示，这里输出频率变化的斜率从零逐渐递增；S曲线上升段时间如图4-17中②所示，这里输出频率变化的斜率恒定；S曲线结束段时间如图4-17中③所示，这里输出频率变化的斜率逐渐递减到零。将每

项目
4
变频器的运行与控制

个阶段时间按百分比分配，就可以得到一条完整的 S 型曲线。因此，只需要知道三个时间段中的任意两个，就可以得到完整的 S 曲线，因此在某些变频器只定义了起始段①和上升段②，而有些变频器则定义两头起始段①和结束段③。

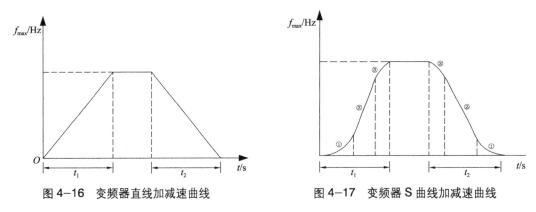

图 4-16　变频器直线加减速曲线　　　　图 4-17　变频器 S 曲线加减速曲线

　　S 曲线加减速，非常适合于输送易碎物品的传送机、电梯、搬运传递负载的传送带以及其他需要平稳改变速度的场合。例如，电梯在开始启动以及转入等速运行时，从考虑乘客的舒适度出发，应减缓速度的变化，以采用 S 形加速方式为宜。

3　半s形加减速方式

　　它是 S 曲线加减速的衍生方式，即 S 曲线加减速在加速的起始段或结束段，按线性方式加速；而在结束段③或起始段①，按 S 形方式加速。因此，半 S 形加减速方式要么只有段①，要么只有段③，其余均为线性，如后者主要用于风机一类具有较大惯性的二次方律负载中，由于低速时负荷较轻，故可按线性方式加速，以缩短加速过程；高速时负荷较重，加速过程应减缓，以减小加速电流；前者主要用于惯性较大的负载。

　　（4）其他还有如倒 L 形加减速方式、U 型加减速方式等。

工作内容4
　　实现 MD380 变频器的线性加减速与 S 型加减速。

任务实施4

1　实施步骤

　　按下面实施步骤，完成变频器线性加减速与 S 型加减速的实施，见表 4-41。

表 4-41　实施步骤

序号	步骤	实施细节	
		MD380 线性加减速	MD380　S 曲线加减速
1	变频器的型号选择	MD380T2.2	

序号	步骤	实施细节	
		MD380 线性加减速	MD380 S 曲线加减速
2	变频器的接线		

（接线图，见上方图示：MDBU，L1、L2、L3 经开关接 R、S、T，MD380D2.2，U、V、W、接地接至 1M 电机，T/A、T/B、T/C 外接报警输出）

序号	步骤	MD380 线性加减速	MD380 S 曲线加减速
3	变频器的参数	F0—00=1：选择 G 型（恒转矩负载）。 F0—01=2：选择 V/F 控制。 F0—02=0：选择操作面板命令通道。 F0—08=30Hz：设定运行频率为 30Hz。 F6—10=0：选择减速停车。 F6—07=0：直线加减速。 F0—17=10s：加速时间 30s。 F0—18=10s：减速时间 1 为 30s。	F0—00=1：选择 G 型（恒转矩负载）。 F0—01=2：选择 V/F 控制。 F0—02=0：选择操作面板命令通道。 F0—08=30Hz：设定运行频率为 30Hz。 F6—10=0：选择减速停车。 F6—07=0s：曲线加速 A。 F0—17=10s：加速时间 30s。 F0—18=10s：减速时间 1 为 30s
4	变频器调试	按下 RUN 键，等显示频率上升到设定值，记录加速工程中的时间，频率对应值，画出加速曲线 按下 STOP 键，记录加速工程中的时间，频率对应值，画出减速曲线	按下 RUN 键，等显示频率上升到设定值，记录加速工程中的时间，频率对应值，画出加速曲线 按下 STOP 键，记录加速工程中的时间，频率对应值，画出减速曲线
5	调试遇到的问题分析及解决	按功能测试表调试并填写功能测试表。遇到的问题及解决方法	按功能测试表调试并填写功能测试表。遇到的问题及解决方法
6	评价	完成评价表和功能测试表	

功能测试（见表4-42）

表 4-42 功能测试表

操作步骤 \ 观察项目 \ 结果	面板显示			
	直线型加减速		S 型加减速	
	时间	频率	时间	频率
第一次按下 RUN 键				
第一次按下 STOP 键				
第二次按下 RUN 键				
第二次按下 STOP 键				
第三次按下 RUN 键				
第三次按下 STOP 键				
第四次按下 RUN 键				
第四次按下 STOP 键				

项目 **4** 变频器的运行与控制

评价（见表4-43）

表4-43 评 价 表

评分表 _____学年		工作形式 □个人 □小组分工 □小组	工作时间 (90min)	
任务	训练内容	训练要求	学生自评	教师评分
变频器直线及S加减速	1. 工作步骤及电路图纸，20分	工作步骤准确，电路图设计合理正确，图纸符合《电气图用图形符号》规定		
	2. 线路连接，10分	能够正确选择导线的颜色和线径，会使用电气接线工具，接线符合电气控制接线标准		
	3. 参数设置，30分	能设置变频器运行参数及电动机参数		
	4. 测试与功能，30分，全面检测整个装置	能够正确进行变频器功能测试，会全面检测变频调速系统的安全性和可靠性		
	5. 职业素养与安全意识，10分	现场安全保护；工具器材等处理操作符合职业要求；分工合作；遵守纪律，保持工位整洁		

▶ 任务5 变频器的运行保护

 任务目标

（1）熟悉并能正常使用变频器的软件保护功能；

（2）熟悉并能够正确使用电机过热过载、失速保护功能；

（3）熟悉变频器过热、IGBT保护等硬件热保护功能

 相关知识

为了保证变频器能够长时间可靠运行，变频器使用时必须合理设定与选择变频器的保护功能。变频器的保护功能分为"参数设置保护"和"外部硬件辅助保护"两大类。

软件保护是通过变频器的固有的检测功能与保护参数设定，为运行提供保护功能，此类功能的时间只需要设定合适的参数即可。

硬件保护是通过外部传感器检测变频调速系统运行状态，通过电路为变频器安全运行提供保障的保护功能，包括电机热保护、制动电阻与变频器的热保护、输入/输出的缺相保护及短路保护、风机与IGBT的检测与保护等。

❶ 变频器的软件保护功能

变频器的软件保护是通过变频器的固有的检测功能与保护参数设定，为运行提供保护功能，包括过载保护、失速保护、输入输出缺相保护、瞬时停电与启动保护、转矩限制与转速限制等。在实际的现场调试中，根据告警信息分析故障原因，作相应的检查和设置。

1．软件保护的内容

（1）电机的过载保护。过载保护是根据所选择的电机类型、额定电流，变频器通过检测实际输出电流与时间，进行过流保护的一种最重要的功能。

（2）失速保护。失速保护是一种一种防止变频器在加速或减速时出现电机转速无法跟随指

令频率变化，导致电机"失速"的保护功能。

（3）瞬时停电保护与重新启动功能。这是一种使变频器在主电源短时断电时自动恢复运行的保护功能。

（4）输入及输出缺相保护。这是对变频器输入或输出缺相引起输入电压降低或输出电流增大的保护功能。

（5）转矩限制与速度限制功能。转矩限制功能只能用于矢量控制的变频器，这是一种通过对速度控制时的输出转矩控制，防止外部机械部件损坏；速度限制功能用来防止转矩控制的变频器在负载很小时出现的电机速度过高的现象。

（6）启动保护。启动保护是防止电机在不知情时自动运行，造成危险而在变频器上电或故障复位时必须手动消除保护的功能。

以上内容中，断电重启在本项目任务 4 中进行了介绍；转矩限制与速度限制将在任务 6 中进行介绍，本任务将重点介绍变频器的过载保护、失速保护功能。

2．过载保护功能

过载保护功能主要是保护电机的，通常在电机控制电路中，采用具有反时限特性的热继电器来进行过载保护。在用变频器给电机供电时，可以在系统软件中设置电子热继电器来完成过载保护功能。

（1）电机的发热。电机稳定运行时，电机温度高于环境温度，存在一个允许的温升值。当电机过载时，所产生的热量不断增加，将会突破允许的温升值造成设备的损害。

（2）变频器的反时限保护功能。变频器的电子热继电器功能就是反时限保护功能，用户可以按说明书对此功能进行设定。在下述的两种情况下，必须在变频器和电机之间安装热继电器进行过载保护。

① 电机的容量过大，已经超出变频器的电子热继电器的保护范围。

② 当使用一台变频器驱动多台电机时，变频器不能对每台电机提供保护。

（3）过载保护与过流保护的区别。过载保护保护的对象是负载设备，是反时限的，是负载的折算转矩超过了电动机的额定转矩。过电流的保护对象是变频器。当变频器的输出电流大于变频器的额定时，就处于过流了。

3．过载保护的参数设置

对于不同的变频器，需要设置不同的过载保护参数。下面以 MD380 为例介绍一下过载保护参数的设置。

（1）电机过载保护功能选择（F9-00）。MD380 电机过载保护选择由参数 F9-00 选择。

F9-00=0，则无过载保护功能，可能存在电机过热损坏的危险，此时需要在变频器与电动机之间加热继电器。

F9-00=1，则变频器根据电机过载保护的反时限曲线。判断电机是否过载。电机过载保护的反时限曲线为：220% ×（F9-01）× 电机额定电流，持续 1 min 则报警电机过载故障：150% ×（F9-01）× 电机额定电流，持续 60 min 则报警电机过载。

（2）电机过载保护增益（F9-01）。当 F9-00=1 时，则需要根据电机的实际过载能力，正确设置 F9-01 的值，该参数设置过大容易导致电机过热损坏而变频器未报警的危险。

（3）电机过载预警系数（F9-02）。设定此功能用于在电机过载故障保护前，通过 DO 给控制系统一个预警信号。该预警系统用于确定在电机过载保护前多大程度进行预警。F9-02 设定值越大则预警提前量越小。当变频器输出电流累计量大于过载反时限曲线与 F9-02 乘积后，变频器多功能端子 DO 输出"电机过载预报警"ON 信号。

2 变频器的硬件保护功能

硬件保护是通过外部传感器检测变频调速系统运行状态，通过电路为变频器安全运行提供保障的保护功能，包括电机热保护、制动电阻与变频器的热保护、输入／输出的缺相保护及短路保护、风机与 IGBT 的检测与保护等。

1．电机热保护

电机热保护是用安装于电机内部的温度传感器，直接检测内部温升，进行过载、过热保护的一种功能，其保护比变频器参数设置的过载保护更准确。电机的热保护需要使用带热敏电阻（PTC）的电机，并进行相应的硬件连接与设定。

PTC 是一种温度传感器，在临界温度附近随温度变化电阻显著变化的检测元件。为正温度系数的温度传感器，即随温度升高电阻变大。

部分变频器有专门热敏电阻（PTC）输入连接段，这时只要将其直接连接到该 DI 信号输入端上并定义其功能即可，对于没有 PTC 连接端的变频器，可以通过 AI 输入通道连接 PTC 输入，通过偏置电流与电源，将随温度变化的 PTC 电阻转换成电压或电流接入 AI 通道，然后通过变频器对 AI 输入的处理，在 DO 信号上获得相关报警信号。

2．制动电阻的热保护

制动电阻用来消耗电机制动时返回到直流母线的能量。制动电阻热保护可以根据不通情况采取不同措施。

（1）在制动电阻上安装过热检测期间，通过热触点直接断开主回路电源。可用于任何使用外部制动电阻的场合。

（2）通过 DI 信号使变频器产生报警，并根据需要通过参数设定变频器是否停止。

3．变频器的热保护

变频器的过热保护主要有以下几点：

（1）风扇运转保护。变频器的内装风扇是箱体内部散热的主要手段，它将保证控制电路的正常工作。

（2）变频器过热检测。变频器内部有温度传感器，在温度过热时会自动保护。

（3）输入／输出缺相保护。当输入或输出缺相时也会时变频器发热，设置缺相保护即可防止。

（4）过流保护。设置电子过流保护功能就可以实现。

（5）逆变模块散热板的过热保护。逆变模块是变频器内发生热量的主要部件，也是变频器中最重要而又最脆弱的部件。各变频器都在散热板上配置了过热保护器件，可以自动进行过热保护。

冷却风道的入口和出口不得堵塞，环境温度也可能高于变频器的允许值。

3 变失速保护功能

1. 过压失速

变频器在减速运行过程中，由于负载惯性的影响，可能会出现电动机转速的实际下降率低于输出频率的下降率，此时电动机会回馈电能给变频器，造成变频器直流母线电压的升高，如果不采取措施，则会出现过压跳闸。这叫作过压失速。

过压失速保护功能在变频器减速运行过程中通过检测母线电压，并与失速过压点进行比较，如果超过失速过压点，变频器输出频率停止下降，当再次检测母线电压低于失速过压点后，再实施减速运行。

过压失速保护功能所设定的参数为过压失速增益及过压失速保护电压。

2. 过流失速

如果给定的加速时间过短，变频器的输出频率变化远远超过转速的变化，变频器将因流过电流过大而跳闸，运转停止，这叫作过流失速。当变频器输出电流达到设定的过电流失速保护电流时，变频器在加速运行时，降低输出频率；在恒速运行时，降低输出频率；在减速运行时，放缓下降速度。直到电流小于过流失速保护电流之后，运行频率才恢复正常。

过流失速保护功能是通过对负载电流的实时控制，自动限定其不超过设定的过流失速保护电流，以防止电流过冲而引起的故障跳闸，对于一些惯量较大或变化剧烈的负载场合，该功能尤其适用。过流失速保护功能所设定参数为过流失速增益及过电流失速保护电流。

3. 失速保护功能设置

对于不同的变频器，需要设置不同的过载保护参数。下面以 MD380 为例介绍一下失速保护功能参数的设置。

（1）过压失速增益 F9-03，用于调整在减速过程中，变频器抑制过压的能力。此值越大，抑制过压能力越强。在不发生过压的前提下，该增益设置的越小越好，出厂设置为 0，无过压失速功能。

对于小惯量负载，过压失速增益宜小，否则引起系统动态响应变慢。对于大惯量负载，此值宜大。否则抑制效果不好，可能出现过压故障。

（2）过压失速保护电压 F9-04（120%～150%），在直流母线电压超过该值时启动过压失速保护功能。过压失速保护电压设定 100% 对应基值如表 4-44 所示。

表 4-44　过压失速设定 100% 时的基值

电 压 等 级	过压失速保护电压基值
单相 220V	290
三相 220V	290
三相 380V	530
三相 480V	620
三相 690V	880
三相 1 140V	1 380

表 4-44 中基值即输入标准电压时对应的母线电压，如果过压失速保护电压设为 130%，

对于单相 220V 变频器，则当直流母线电压超过 290V×130% = 377V 时进行失速保护。对于三相 380V 变频器，则当直流母线电压超过 530V×130% = 689V 时进行失速保护。

（3）过流失速保护电流（F9–06）选择过流失速功能的保护点，当电流超过 F9–06 设定值时开始执行过流失速保护功能。此设定值是相对电机额定电流的百分比。设定范围是 100%～200%。

（4）过流失速保护增益（F9–05）用于调整在加减速过程中变频器抑制过流的能力。F9–05 设定值越大抑制过流能力越强。在不发生过流的前提下，设定值越小越好。对于小惯量负载，过流失速增益宜小，否则引起系统动态响应变慢。对于大惯量负载，此值宜大。否则抑制效果不好，可能出现过流故障。在惯性非常小的场合，设定过流抑制增益须小于 20。

工作内容1

MD380 变频器拖动 2.2kW 电动机工作。通过硬件和软件两种方式完成它的过载保护。

任务实施1

任务中以汇川 MD380 系列变频器为例给出软件保护实施步骤，记录其工作要点，如表 4–45 所示。

表 4–45　实施步骤

序　号	步　骤	实施细节	工作要点
1	变频器的型号选择	MD380T2.2	
2	变频器的接线		
3	变频器的功能参数	F0–02= F4–00= F4–01= F8–00= F8–18= F8–22=1 F9–00=1 F9–01=1% F9–02=80%：电机过载预警系数，变频器检测到输出电流到 80% 电机过载电流时报警。 F9–07=1：允许瞬停不停 F9–08=20Hz：瞬停不停频率下降率	
4	变频器的调试	接通 SB1，使频率上升到设定值，然后断开 SB1 2s 再接通，观察变频器运行情况。	
5	调试结果及调试中的问题分析及解决	按功能测试表调试并填写功能测试表。 遇到的问题及解决方法	
6	评价	完成评价表和功能测试表	

评价（见表4-46）

表4-46 评 价 表

评价表_____学年		工作形式 □个人　□小组分工　□小组		工作时间 (30 min)	
任务	训练内容	训练要求		学生自评	教师评分
变频器的过载保护	1. 工作步骤及电路图纸，20分	工作步骤准确，电路图设计合理正确，图纸符合《电气图用图形符号》规定			
	2. 线路连接，10分	能够正确选择导线的颜色和线径，会使用电气接线工具，接线符合电气控制接线标准			
	3. 参数设置，30分	能设置变频器运行参数及电动机参数			
	4. 测试与功能，30分，全面检测整个装置	能够正确进行变频器功能测试，会全面检测变频调速系统的安全性和可靠性			
	5. 职业素养与安全意识，10分	现场安全保护，工具器材等处理操作符合职业要求；分工合作；遵守纪律，保持工位整洁			

🔧 工作内容2

MD380变频器拖动2.2 kW电动机工作。通过参数设置完成它的过压和过流失速保护。

💻 任务实施2

任务中以汇川MD380系列变频器为例给出失速保护的实施步骤，记录其实施过程中的工作要点，如表4-47所示。

表4-47 实 施 步 骤

序　号	步　　骤	实 施 细 节	工 作 要 点
1	变频器的型号选择	MD380T2.2	
2	变频器的接线	L1 R U — 1M L2 S V L3 T W SB1 DI1 SB2 DI2 COM (MD380T2.2)	
3	变频器的功能参数设置	F0-02= F4-00= F4-01= F8-00= F8-18= F8-22= F9-03= F9-04= F9-05= F9-06= F9-07=1 F9-08=	

序　号	步　骤	实　施　细　节	工　作　要　点
4	变频器的调试	不设置失速保护参数，运行变频器，观测变频器启动和停止时的输出频率、电压、电流 设置失速保护参数后，运行变频器观测变频器启动和停止时的输出频率、电压、电流	
5	调试结果及调试中的问题分析及解决	按功能测试表调试并填写功能测试表。 遇到的问题及解决方法	
6	评价	完成评价表和功能测试表	

功能测试（见表4-48）

表4-48　功能测试表

操作步骤	\ 观察项目 结果	面板显示频率变化情况			
		MD380			
		启动过程		停止过程	
		电压/V	频率/Hz	电流/mA	频率/Hz
按下SB1					
断开SB1					
按下SB2					
断开SB2					

评价（见表4-49）

表4-49　评　价　表

评价表 ＿＿＿学年		工作形式 □个人　　□小组分工　　□小组	工作时间 （60min）	
任务	训练内容	训练要求	学生自评	教师评分
变频器的失速保护	1. 工作步骤及电路图纸，20分	工作步骤准确，电路图设计合理正确，图纸符合《电气图用图形符号》规定		
	2. 线路连接，10分	能够正确选择导线的颜色和线径，会使用电气接线工具，接线符合电气控制接线标准		
	3. 参数设置，30分	能设置变频器运行参数及电动机参数		
	4. 测试与功能，30分，全面检测整个装置	能够正确进行变频器功能测试，会全面检测变频调速系统的安全性和可靠性		
	5. 职业素养与安全意识，10分	现场安全保护；工具器材等处理操作符合职业要求；分工合作；遵守纪律，保持工位整洁		

▶ 任务6　变频器的速度及转矩调整

任务目标

（1）了解变频器的转差补偿功能；

（2）能够利用转差频率设定功能获得要求的电机输出特性；

（3）会利用启动转矩补偿功能提升电机的启动转矩；

（4）灵活运用不同的转矩限制功能来限制电机的输出转矩。

变频器的转差频率控制

1. 变频器的控制方式及设置

变频器的控制方式有标量控制 V/f 控制、开环矢量控制、闭环矢量控制和直接转矩控制。

V/f 控制即 V/f 为常数的控制方式，适用于对负载要求不高，或一台变频器拖动多台电机的场合，如风机、泵类负载等。

开环矢量控制即无速度传感器矢量控制，适用于通常的高性能控制场合，一台变频器只能驱动一台电机。如机床、离心机、拉丝机、注塑机等负载。

闭环矢量控制即有速度传感器的矢量控制，电机端必须加装编码器，变频器必须选配与编码器同类型的 PG 卡，适用于高精度的速度控制或转矩控制的场合。一台变频器只能驱动一台电机。如高速造纸机械、起重机械、电梯等负载。

2. 感应电动机的机械特性

电动机的机械特性就是电机输出转矩与转速之间的相互关系，在正常运行区域感应电动机的机械特性是一条图 4-18（a）所示的近似直线，电机运行时将随负载转矩的增加，实际转速与理论转速之间的差距（转差）将增大。

由于电机转速与频率基本成正比关系，因此输出特性也可以用图 4-18（b）所示 f-T 关系曲线来代替，它同样是一条下垂的近似直线，运行时所产生的转差可以视为实际转速所对应的频率与理论频率之间的"转差频率"。当电机进行变频调速时，随着变频器输出频率的变化，电机的同步转速将被改变，f-T 输出特性将整体上下移动。

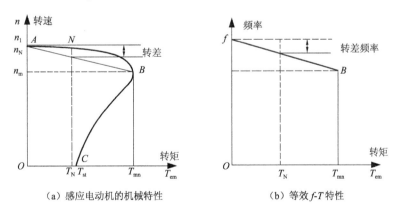

（a）感应电动机的机械特性　　　　（b）等效 f-T 特性

图 4-18　感应电机的参数特性

3. 转差频率补偿功能

由于开环控制的变频器无法进行转速的闭环自动调整，由图 4-18（b）可见，如果电机处于低频、重载工作，随着其输出频率的下降 f-T 输出特性将下移，可能出现转差频率大于输出频率的现象，导致电机停转。电动机负载转矩的变化将影响到电动机运行转差，导致电动机速度变化。通过转差补偿，根据电动机负载转矩自动调整变频器的输出频率，可减小电动机随

负载变化而引起的转速变化。

转差补偿即当电动机转速随着负载转矩增加（降低）而下降（升高）时，变频器的输出频率自动升高（降低），以补偿电动机转速变化的过程。是一种用于开环变频器调速系统 $f-T$ 输出特性调整的功能。通过转差补偿的来提高电动机的转速控制精度。转差补偿的设定范围一般为 $0 \sim 10\,\mathrm{Hz}$。

4. 转差频率设定功能

转差补偿功能参数的设置主要有以下原则：

（1）当电动机处于发电状态时，即实际转速高于给定速度时，逐步提高补偿增益；

（2）当电动机处于电动状态时，即实际转速低于给定转速时，逐步提高补偿增益；

（3）转差补偿的调节范围为转差补偿限定值与额定转差值的乘积；

（4）自动转差补偿量的大小与电动机的额定转差相关，应正确设定电动机的额定转差值。

这里给出了电动机额定转差频率的计算公式：

额定转差频率 = 电动机额定频率 ×（电动机同步转速 − 电动机额定转速）÷ 电动机同步转速

式中：电动机同步转速 = 电动机额定频率 ×120÷ 电动机极数

5. 转差频率设定参数

以汇川 MD380 变频器为例，主要设置转差补偿系数。分两种矢量控制和 V/F 控制两种情况。

（1）对于无速度传感器矢量控制，此参数用来调整电机的稳速精度，当电机重载时速度偏低则加大该参数，反之减小该参数；对于有速度传感器矢量控制，此参数可以调节同样负载下变频器的输出电流大小。

(2) 对于 V/F 控制方式，设此参数可以补偿 V/F 控制时因为负载产生的滑差，使 V/F 控制时电机转速随负载变化的变化量减小，一般来说，100% 对应的是电机带额定负载时的额定滑差。可参考以下原则进行转差系数调整：当负载为额定负载，转差补偿系数设为 100% 时，变频器所带电机的转速基本接近于给定速度。当电机转速与目标值不同时，需要适当微调该增益。

2 变频器的转矩控制

感应电动机的转矩精确控制是一个相当复杂的问题，各变频器生产厂家都设置了种种控制方法，来尽可能改善变频器的转矩控制功能。启动转矩补偿、转矩限制是变频器常用的转矩控制手段。

1. 低频转矩补偿功能

在 V/F 控制方式下，当变频器输出频率较低时，或者变频器重载工作时，输出电压下降，定子绕组电流减小，电动机转矩不足，甚至出现无法正常启动或运行的情况。提高变频器的输出电压即可补偿转矩不足；转矩补偿是在 V/F 控制方式下，变频器利用增加输出电压来提高电动机转矩的方法。

启动转矩补偿功能可对正转、反转的启动转矩进行独立的设定与调整，以适应不同的控制要求，补偿值可用 AI 输入以"电压偏置"的形式实行动态调整。在变频器内部，转矩补偿还可以通过变频器参数进行增益、滤波时间的设定和调整，以解决转矩补偿后所出现的转速不稳定、低速振动与启动冲击现象。

常用的补偿方法有以下几种：

（1）在额定电压和基本频率下线性补偿。启动电压从 0 提升到最大值的 20%，通过步进的

方法设置。

（2）在额定电压和基本频率下分段补偿。启动过程中分段补偿，有正补偿、负补偿两种。

正补偿：补偿曲线在标准 U–f 曲线的上方，适用于高转矩启动运行的场合。

负补偿：补偿曲线在标准 U–f 曲线的下方，适用于低转矩启动运行的场合。使用时通过预置调用。

（3）平方率补偿。补偿曲线为抛物线，低频时在标准 U–f 曲线的下方，高频时在标准 U–f 曲线的上方，多用于风机和泵类负载的补偿，达到节能运行的目的。通过步进的方法设置。

2．转矩提升功能

为了补偿 V/F 控制低频转矩特性，对低频时变频器输出电压做一些提升补偿。转矩提升设置过大，电机容易过热，变频器容易过流。一般转矩提升不超过 8%。有效调整此参数，可有效避免启动时过电流情况。对于较大负载，需要增大此参数，对于负荷较轻时可减小此参数的设置。有的变频器有自动转矩提升功能，设置转矩提升值及转矩提升截止频率可以分段补偿，如图 4–19 所示。

V_1 及 f_1 由参数 F3–01 和 F3–02 设定，F3–01 和 F3–02 参数定义如表 4–50 所示，当转矩提升设为 0 时，变频器根据电机参数自动计算所需转矩提升值。

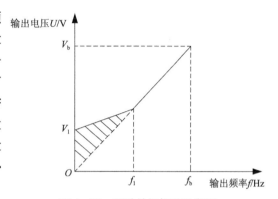

图 4–19　手动转矩提升示意图

V_1—手动转矩提升电压；V_b—最大输出电压；f_1—手动转矩提升截止频率；f_b—最大输出频率

表 4–50　低频转矩提升参数

F3–01	转矩提升	出厂值	机型确定
	设定范围	0.0%～100%	
F3–02	转矩提升截至频率	出厂值	50Hz
	设定范围	0.00Hz～最大输出频率	

3．转矩控制功能

转矩控制功能只能用于矢量控制。变频器采用矢量控制时，电机的输出转矩可通过转矩电流分量进行控制，因此，在某些输出转矩过大可能引起机械部件损坏的场合，需要通过转矩限制功能限制变频器的最大转矩。

由于感应电动机的转矩控制十分困难，因此变频器的转矩控制精度同样较低，且与运行频率有关。一般当变频器运行频率大于 10Hz 时，转矩控制误差在 ±5% 左右；当小于 10Hz 时误差将增加。此外，转矩限制功能生效后，变频器的加减速时间将相应延长；而对于升降负载控制的变频器来说，如转矩设定值太小，则可能存在"重力自落"的危险，故在这些情况下使用转矩限制功能必须慎重。

变频器的转矩限制既可以用内部参数来设定，还可以通过 AI 输入、PULSE 设定，通信设定进行限制。当内部参数与 AI 输入同时有效时，一般遵循"最小值优先"的原则，自动选择

两者中的较小值作为有效转矩限制值。

变频器转矩限制设定参数较多，使用是可以根据不通的运行状态设定不同的转矩限制值。以汇川 MD380 为例，其转矩限制功能如下：

（1）变频器进行普通的速度控制时，即 A0−00=0，变频器按设定的频率指令输出频率，输出转矩自动与负载转矩匹配，但输出转矩受转矩上限（用 F2−09 及 F2−10 设定）限制，当负载转矩大于设定的转矩上限时，变频器输出转矩受限，输出频率将与设定频率不相同。

（2）当变频器做转矩控制时，即 A0−00=1 时，变频器按设定的转矩指令输出转矩，此时，输出频率自动与负载速度匹配，但输出频率受上限频率（由 F0−12 设定）限制。当负载速度大于设定的上限频率时，变频器输出频率受限，输出转矩将与设定转矩不相同。

当做转矩控制时，转矩指令即为转矩上限，通过转矩上限源（F2−09）设定。可通过多功能输入端子在转矩控制和速度控制之间进行切换。转矩控制时，变频器的输出频率自动跟踪负载速度的变化，但输出频率的变化速度受设定的加减速时间影响，若需要加快跟踪的速度，请将加减速时间设短。当变频器设定转矩大于负载转矩，变频器输出频率会上升，当变频器输出频率达到频率上限时，变频器一直以上限频率运行。当变频器设定转矩小于负载转矩，变频器输出频率会下降，当变频器输出频率达到频率下限时，变频器一直以下限频率运行。

在速度控制模式下，F2−09 用于选择转矩上限的设定源，当通过模拟量设定时，模拟量输入设定 100%，对应 F2−10，即对应变频器匹配电机的额定转矩。在转矩控制模式下，转矩上限源，即为转矩设定源。转矩上限即为转矩设定指令。

工作内容1

利用 MD380 变频器实现 1.5kW 三相异步电动机的在 V/F 控制模式及矢量控制模式下的转差补偿，完成硬件连接，功能参数设置，功能调试。

任务实施1

任务中以汇川 MD380 系列变频器为例给出实施步骤，完成用三菱变频器实现变频器的转差补偿，如表 4−51 所示。

表 4−51　实施步骤

序号	步骤	实施细节		工作要点
		汇川变频器 MD380 系列	三菱变频器 A740 系列	
1	变频器的型号选择	MD380T2.2G		
2	变频器的接线	L1 L2 L3 SB1 SB2 R S T DI1 DI2 COM MD380D2.2 U V W 1M		

序号	步骤	实施细节		工作要点
		汇川变频器 MD380 系列	三菱变频器 A740 系列	
3	变频器的功能参数设置	F0–02= F4–00= F4–01= F0–08= F0–01= F3–09=		
4	变频器的调试	1. 改变 F3–01、F3–02 值，观察电机运行情况； 2. 增大负载，观察转差补偿系数值变化情况下电机运行情况		
5	调试遇到的问题分析及解决	按功能测试表调试并填写功能测试表。 遇到的问题及解决方法		
6	评价	完成评价表和功能测试表		

功能测试（见表4–52）

表4–52　功能测试表

观察项目　结果　操作步骤	电机运行情况记录
负载电流增大 10 %，F3–09=0.0%	
负载电流增大 10 %，F3–09=10.0%	

评价（见表4–53）

表4–53　评　价　表

评价表 ＿＿＿＿学年		工作形式 □个人　□小组分工　□小组		工作时间 （90min）
任务	训练内容	训练要求	学生自评	教师评分
变频器的转差补偿	1. 工作步骤及电路图纸，20分	工作步骤准确，电路图设计合理正确，图纸符合《电气图用图形符号》规定		
	2. 线路连接，10分	能够正确选择导线的颜色和线径，会使用电气接线工具，接线符合电气控制接线标准		
	3. 参数设置，30分	能设置变频器运行参数及电动机参数		
	4. 测试与功能，30分，全面检测整个装置	能够正确进行变频器功能测试，会全面检测变频调速系统的安全性和可靠性		
	5. 职业素养与安全意识，10分	现场安全保护；工具器材等处理操作符合职业要求；分工合作；遵守纪律，保持工位整洁		

工作内容2

利用 MD380 变频器的转矩提升功能实现电动机的 0Hz 启动，并实现转矩限制功能，完成硬件连接，功能参数设置，功能调试。

任务实施2

任务中以汇川 MD380 系列变频器为例给出实现转矩控制的实施步骤，写出各步骤工作要点，如表 4-54 所示。

表 4-54 实施步骤

序号	步骤	实施细节	工作要点
1	变频器的型号选择	MD380T2.2	
2	变频器的接线		
3	变频器的功能参数设置	F0-02=1：端子命令通道。 F4-00=1：设定 DI1 为正转运行。 F4-01=2：设定 DI2 为反转运行。 F3-01=8：设定转矩提升值。 F3-02=10：设定转矩提升截止频率。 (1) F0-01=0 或 1：矢量控制方式。 　A0-00=0：转矩控制无效。 　F2-09=0：转矩上限由 F2-10 设定（F2-09=1～3） 　则 F2-10=AI 输入设定的 100%。 　F2-10=150%。 (2) F0-01=2：V/F 控制方式。 　F3-01=5%：转矩提升。 　F3-02=20Hz：转矩提升截止频率	
4	变频器的调试	不使用转矩提升功能进行 0Hz 运行。 使用转矩提升功能进行 0Hz 启动运行	
5	调试遇到的问题分析及解决	按功能测试表调试并填写功能测试表。 遇到的问题及解决方法	
6	评价	完成评价表和功能测试表	

功能测试（见表4-55）

表 4-55 功能测试表

操作步骤 ＼ 结果 ＼ 观察项目	电机运行情况
F0-08=1　F3-01=0	
F0-08=1　F3-01=2	
F0-08=1　F3-01=10	
F0-08=1　F3-01=15	

评价（见表4-56）

表4-56 评 价 表

评价表 _____学年		工作形式 □个人　□小组分工　□小组	工作时间 (90 min)	
任务	训练内容	训练要求	学生自评	教师评分
变频器的转矩控制	1. 工作步骤及电路图纸，20分	工作步骤准确，电路图设计合理正确，图纸符合《电气图用图形符号》规定		
	2. 线路连接，10分	能够正确选择导线的颜色和线径，会使用电气接线工具，接线符合电气控制接线标准		
	3. 参数设置，30分	能设置变频器运行参数及电动机参数		
	4. 测试与功能，30分，全面检测整个装置	能够正确进行变频器功能测试，会全面检测变频调速系统的安全性和可靠性		
	5. 职业素养与安全意识，10分	现场安全保护；工具器材等处理操作符合职业要求；分工合作；遵守纪律，保持工位整洁		

任务7　变频器的其他控制

 任务目标

（1）了解简易PLC功能；

（2）掌握变频器输出的摆频控制；

（3）会使用变频器的定长控制；

（4）能使用变频器的简易PLC功能完成多段速运行控制。

相关知识

1 摆频控制

1. 摆频功能介绍

摆频功能适用于纺织、化纤等行业及需要横动、卷绕功能的场合。使用摆频功能可以改善绕卷的均匀平密如图4-20所示，摆频功能是指变频器以设定频率为中心进行上下摆动，运行频率在时间轴的轨迹如图4-21所示。

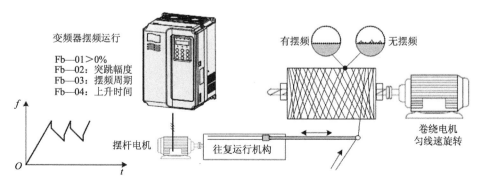

图4-20　摆频工作模式

项目 4 变频器的运行与控制

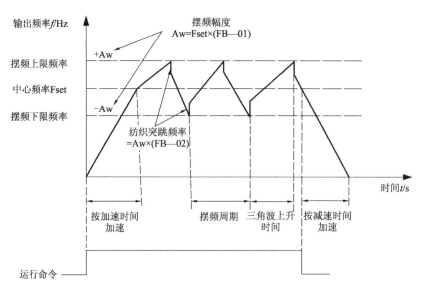

图 4-21　摆频工作示意图

2．摆频控制相关参数

（1）摆频设定方式。MD380 变频器的可以设定两种摆频方式，即相对于中心频率的摆频方式和相对最大频率的摆频控制。由参数 FB-00 来设定。参数 FB-00 如表 4-57 所示。

表 4-57　摆频方式设定参数

	摆幅设定方式	出厂值	0
FB-00	设定范围	0	相对于中心频率
		1	相对于最大频率

FB-00=0：相对中心频率（F0-07 频率源选择），为变摆幅系统。摆幅随中心频率（设定频率）的变化而变化。

FB-00=1：相对最大频率（F0-10 最大输出频率），为定摆幅系统。摆幅固定。

（2）摆频幅度。摆频幅度由 FB-01 和 FB-02 设定，FB-01 和 FB-02 参数定义如表 4-58 所示。

表 4-58　摆频幅度设定参数

	摆频幅度	出厂值	0.0%
FB-01	设定范围	0.0%～100.0%	
FB-02	突跳频率幅度	出厂值	0.0%
	设定范围	0.0%～50.0%	

摆频运行频率受上、下限频率约束。

摆幅相对于中心频率（变摆幅，选择 FB-00=0 ）：

摆幅 A_W=频率源 F0-07× 摆幅幅度 FB-01。

摆幅相对于最大频率（定摆幅，选择 FB-00=1 ）：

摆幅 A_W=最大频率 F0-10× 摆幅幅度 FB-01。

突跳频率=摆幅 AW× 突跳频率幅度 FB-02。即摆频运行时，突跳频率相对摆幅的值。

如选择摆幅相对于中心频率（变摆幅，选择 FB-00=0 ），突跳频率是变化值。

如选择摆幅相对于最大频率（定摆幅，选择 FB-00=1），突跳频率是固定值。

（3）摆频周期。摆频周期由 FB-03、FB-04 来设定，FB-03，FB-04 参数定义如表 4-59 所示。

表4-59　FB-03、FB-04 参数表

FB-03	摆频周期	出厂值	10.0s
	设定范围	0.0～3 000.0s	
FB-04	三角波上升时间系数	出厂值	50.0%
	设定范围	0.0%～100.0%	

摆频周期：一个完整的摆频周期的时间值。

FB-04：三角波上升时间系数是相对 FB-03 摆频周期。

三角波上升时间＝摆频周期 FB-03× 三角波上升时间系数 FB-04

三角波下降时间＝摆频周期 FB-03×（1－三角波上升时间系数 FB-04）

2 定长控制（见表4-60）

定长控制应用在剪板机及切料控制的场合，汇川 MD380 的定长控制参数如表 4-60 所示。

表4-60　定长控制参数

FB-05	设定长度	出厂值	1000 m
	设定范围	0～65 535 m	
FB-06	实际长度	出厂值	0 m
	设定范围	0～65 535 m	
FB-07	每 m 脉冲数	出厂值	100.0
	设定范围	0.1～6 553.5	

设定长度、实际长度、每米脉冲数 3 个功能码主要用于定长控制。具体设置如图 4-22 所示。

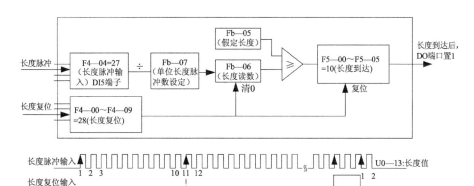

图 4-22　定长控制参数设置

长度通过开关量输入端子输入的脉冲信号计算，需要将相应的输入端子设为长度计数输入端子。一般在脉冲频率较高时，需要用 DI5 输入。

实际长度＝长度计数输入脉冲数／每米脉冲数

当实际长度 FB-06 超过设定长度 FB-05 时，多功能数字输出端子"长度到达端子"输出

ON 信号（请参考 F5-04 功能码）。

定长控制功能应用如图 4-23 所示。

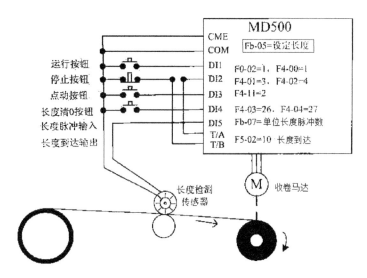

图 4-23　定长控制功能应用

3　简易PLC功能

简易 PLC 功能是变频器内置一个可编程控制器（PLC）来完成对多段频率逻辑进行自动控制。可以设定运行时间、运行方向和运行频率，以满足工艺的要求。工业洗衣机和脱水机各程序段的工作频率和时间见表 4-61。图 4-24 所示为应用简易 PLC 功能完成脱水机的运行曲线。

表 4-61　工业洗衣机脱水机各程序段的工作频率和时间

档　次	负载转速 / (r · min⁻¹)	电动机转速 / (r · min⁻¹)	工作频率 / Hz	工作时间 / min
1	187.5	750	25	3
2	375	1500	50	2
3	675	2700	90	2

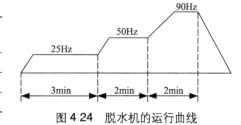

图 4-24　脱水机的运行曲线

本系列变频器可以实现 16 段速变化控制，有 4 种加减速时间供选择。

当所设定的 PLC 完成一个循环后，可由多功能数字输出端子 DO1、DO2 或多功能继电器 1、继电器 2 输出一个 ON 信号，此功能由 F5-01 ～ F5-05 设定。

当频率源参数 F0-07、F0-03、F0-04 确定为 PLC 运行方式时，需要设置 FC-00 ～ FC-15、FC-16、FC-17、FC-18 ～ FC-49 来确定其特性。FC-16、FC-17 功能表如表 4-62 所示。

表 4-62　FC—16、FC—17 功能表

	PLC 运行方式		出厂值	0
FC-16	设定范围	0	单次运行结束停机	
		1	单次运行结束保持终值	
		2	一直循环	

FC—17	PLC 掉电记忆选择		出厂值	0
	设定范围	0	掉电不记忆	
		1	掉电记忆	

 说明：FC—00~FC—15的符号决定了简易PLC运行方向。若为负值，则表示反方向运行。简易PLC示意如图4-25所示。

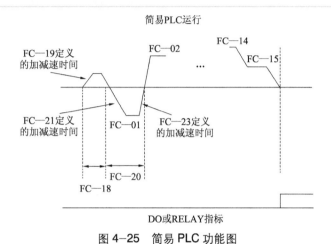

图 4-25　简易 PLC 功能图

4 主辅频率源使用

变频器的使用，关键的参数是设定频率源，也就是说，我们要设定从什么地方来进行调速：变频器可以有两种频率源，一个为主频率源，另一个为辅助频率源。两个频率源可以作为独立的给定通道使用，也可以叠加使用。下面 以汇川 MD380 变频器为例介绍两种频率源。

1．主频率源

变频器使用过程中如果给定频率的输入通道只有一个，则一般选主频率源。主频率源参数如表 3-6 所示。

2．辅助频率源的应用

辅助频率源在作为独立的频率给定通道（即频率源选择为 X 到 Y 切换）时，其用法与主频率源 X 相同。

当辅助频率源用作叠加给定(即频率源选择为 X+Y 或 X 到 X+Y 切换)时有如下特殊之处。

(1)当辅助频率源为数字给定时，预置频率（F0-08）不起作用，通过键盘的▲键（或多功能输入端子的 UP、DOWN 键）可在主给定频率的基础上进行上下调整。

(2)当辅助频率源为模拟输入给定（AI1、AI2、AI3）或脉冲输入给定时，输入设定的100% 对应辅助频率源范围（见 F0-05 和 F0-06 的说明）。若需要在主给定频率的基础上进行上下调整，需将模拟输入的对应设定范围设为 $-n\%\sim +n\%$。

(3)频率源为脉冲输入给定时，与模拟量给定类似。

辅助频率源 Y 选择与主频率源 X 设定值不能一样，即主辅频率源不能使用一个相同的频率给定通道。

项目 4 变频器的运行与控制

101

工作内容1

实现变频器相对中心频率为 30 Hz 上下摆频，摆幅 15 Hz，每 5 s 一个周期。

任务实施1

根据前面步骤，写出汇川 MD380 系列变频器实现摆频控制的实施步骤及参数，如表 4–63 所示。

表 4–63 实施步骤

序号	步骤	实施细节	工作要点
		汇川变频器 MD380 系列	
1	变频器的型号选择	MD380T2.2	
2	变频器的接线		
3	变频器的功能参数	F0–01=2 F0–02=1 F4–00=1 F4–01=2 F0–07=0 F0–08=50 FB–00= FB–01= FB–02= FB–03= FB–04=	
4	变频器的调试	通过调试实现：1. 相对于中心频率的摆频控制； 2. 相对于最大频率的摆频控制	
5	调试结果及调试中的问题分析及解决	调试结果 问题及解决方法	
6	评价	完成评价表和功能测试表	

功能测试（见表4–64）

表 4–64 功能测试表

观察项目 结果 操作步骤	输出频率 /Hz		
	最大值	最小值	中心频率
相对 F0–08=30Hz 摆频 10Hz 周期 1s			
相对最大频率 25Hz 摆频 10Hz 周期 1s			

评价（见表4-65）

表4-65 评 价 表

评价表 _____学年		工作形式 □个人　□小组分工　□小组	工作时间（30min）	
任务	训练内容	训练要求	学生自评	教师评分
变频器的 摆频控制	1. 工作步骤及电路图 纸，20分	工作步骤设计合理，电路图纸符合《电气图用 图形符号》规定，电路原理正确		
	2. 线路连接，10分 导线的选择与端子接线	能够正确选择导线的颜色和线径，会使用电气 接线工具，接线符合电气控制接线标准		
	3. 参数设置，30分 完成参数设置	能设置变频器运行参数及电动机参数，会根据 功能要求设置变频器的功能参数		
	4. 测试与功能，30分， 全面检测整个装置	能够正确操作变频器进行变频器功能测试，会 全面检测变频调速系统的安全性和可靠性		
	5. 职业素养与安全意 识，10分	现场安全保护；工具器材等处理操作符合职业 要求；分工合作；遵守纪律，保持工位整洁		

工作内容2

实现变频器输出100m定长控制，通过设定长度及每米脉冲数来实现控制。

任务实施2

任务中以汇川MD380系列变频器为例给出实施步骤，完成整个参数设置及电路调试，如表4-66所示。

表4-66 实施步骤

序号	步骤	实施细节 汇川变频器 MD380 系列		工作要点
1	变频器的型号选择	MD380T2.2		
2	变频器的接线	（电路接线图：L1、L2、L3经开关接R、S、T，U、V、W接电机1M，KA、SB1接DI1，脉冲输入接DI5，COM，DO1经KA接COM，24V，变频器型号MD380T2.2）		
3	变频器的功能参数设置	F0-01=2：V/F 控制。 F0-02=1：端子命令通道。 F0-03=0：主频率源数字设定。 F0-07=0：选择主频率源。 F4-00=1：DI1 为正转输入端子。 F4-04=27：设 DI5 为长度计数输入。 F5-04=10：设 DO1 为长度到达输出端子。 FB-05= FB-07=		

序号	步骤	实施细节	工作要点
		汇川变频器 MD380 系列	
4	变频器的调试	改变 DI5 中输入脉冲个数，观察变频器输出频率及变频器的运行时间；改变 FB-05 及 FB-07 值，观察变频器输出频率及变频器的运行时间	
5	调试结果及调试中的问题分析及解决	调试结果分析 问题及解决方法	
6	评价	完成评价表和功能测试表	

功能测试（见表4-67）

表 4-67　功能测试表

观察项目 结果 操作步骤	修改参数记录及输出状态指示				
	F4-04	F5-04	输出频率	输出时间	…
DI5 信号由 PLC 产生 10000 个脉冲，一个脉冲对应 0.1m 的线速度					

评价（见表4-68）

表 4-68　评　价　表

评价表 ＿＿＿＿学年		工作形式 □个人　□小组分工　□小组	工作时间（20min）	
任务	训练内容	训练要求	学生自评	教师评分
变频器的定长控制	1. 工作步骤及电路图纸，20 分	工作步骤设计合理，电路图纸符合《电气图用图形符号》规定，电路原理正确		
	2. 线路连接，10 分 导线的选择与端子接线	能够正确选择导线的颜色和线径，会使用电气接线工具，接线符合电气控制接线标准		
	3. 参数设置，30 分，完成参数设置	能设置变频器运行参数及电动机参数，会根据功能要求设置变频器的功能参数		
	4. 测试与功能，30 分，全面检测整个装置	能够正确操作变频器进行变频器功能测试，会全面检测变频调速系统的安全性和可靠性		
	5. 职业素养与安全意识，10 分	现场安全保护；工具器材等处理操作符合职业要求；分工合作；遵守纪律，保持工位整洁		

 **工作内容3**

利用汇川 MD380 变频器的简易 PLC 功能实现变频器的多段速运行。第一段速 10 Hz，运行时间 10 s，加减速时间 2 s；第二段速 15 Hz，运行 10 s，加减速时间 3 s；第三段速 20 Hz，运行 10 s，加减速时间 1 s；第四段速 20 Hz，运行 10 s，加减速时间 3s。

任务中以汇川 MD380 系列变频器为例给出实施步骤，写出各步骤的工作要点，如表 4-69 所示。

表 4-69 实施步骤

序号	步骤	实施细节	工作要点
1	变频器的型号选择	MD380T2.2	
2	变频器的接线		
3	变频器的功能参数设置	F0-03=7：选主频率源为 PLC 给定。 F0-07=0：选择主频率源 X。 F4-00=1：DI1 正转。 F4-01=2：DI2 反转。 FC-00=20。 FC-01 = 30。 FC-02 = 40。 FC-03=60。 FC-16=0：单次运行结束停机。 FC-17=0：掉电不记忆。 FC-18=10s：第 0 段运行时间。 FC-19=2：第 0 段速加减速时间。 FC-20=10s：第 1 段速运行时间。 FC-21=3：第 1 段速加减速时间。 FC-22=10s：第 2 段速运行时间。 FC-23=5：第 2 段速加减速时间。 FC-24=10s：第 3 段速运行时间。 FC-25=3：第 3 段速加减速时间	
4	变频器的调试	1. 改变各速度运行时间，进行调试； 2. 改变各段速频率，进行调试； 3. 画出各频率运行曲线图	
5	调试结果及调试中的问题分析及解决	调试结果分析 问题及解决方法	
6	评价	完成评价表和功能测试表	

功能测试（见表4-70）

表 4-70 功能测试表

观察项目 结果 操作步骤	运行频率			多段速运行曲线（DI1）
	第一速	第二速	第三速	
接通 SB1				
接通 SB2				

评价（见表4-71）

表4-71 评 价 表

评价表_____学年		工作形式 □个人 □小组分工 □小组		工作时间（30min）	
任务	训练内容	训练要求		学生自评	教师评分
变频器的简易PLC运行	1. 工作步骤及电路图纸，15分	工作步骤设计合理，电路图纸符合《电气图用图形符号》规定，电路原理正确			
	2. 线路连接，5分 导线的选择与端子接线	能够正确选择导线的颜色和线径，会使用电气接线工具，接线符合电气控制接线标准			
	3. 参数设置，40分，完成参数设置	能设置变频器运行参数及电动机参数，会根据功能要求设置变频器的功能参数			
	4. 测试与功能，30分，全面检测整个装置	能够正确操作变频器进行变频器功能测试，会全面检测变频调速系统的安全性和可靠性			
	5. 职业素养与安全意识，10分	现场安全保护；工具材等处理操作符合职业要求；分工合作；遵守纪律，保持工位整洁			

📌 工作内容4

选择主频率源由 AI1 设定，辅助频率源由 AI2 设定，运行频率 $f=X+Y$。

🖐️ 任务实施4

任务中以汇川 MD380 系列变频器为例给出主辅频率源叠加给定实施步骤，完成整个参数设置及电路调试，如表 4-72 所示。

表4-72 实施步骤

序号	步骤	实施细节 汇川变频器 MD380 系列	工作要点
1	变频器的型号选择	MD380T2.2	
2	变频器的接线		
3	变频器的功能参数	F0-01=1：控制方式为有速度传感器矢量控制。 F0-02=1：命令源选择端子控制。 F0-03=2：主频率源选择 AI1。 F0-04=3：辅助频率源选择 AI2	

序号	步骤	实施细节 汇川变频器 MD380 系列	工作要点
3	变频器的功能参数	F0−05=0：辅助频率源 Y 范围选择。 F0−06=100%：辅助频率源 Y 范围。 F0−07=01：X+Y。 F0−10=50：最大频率。 F0−12=50：上限频率	
4	变频器的调试	1．调试时要设定电动机铭牌参数； 2．调试时主频率由电位器设定，辅助频率由 4～20mA 电流设定。写出修改参数表	
5	调试结果及调试中的问题分析及解决	调试结果分析 问题及解决方法	
6	评价	完成评价表和功能测试表	

功能测试（见表4-73）

表4-73 功能测试表

操作步骤 \ 观察项目/结果	主要修改参数记录及输出显示				
	F0−03	F0−04	F0−07	…	输出显示频率
选择主频率源，主频率源由面板设定 10Hz					
频率源选择辅助频率源，辅助频率由 AI1 设定 20Hz					
主频率源由面板设定 10Hz，辅助频率由 AI1 设定 20Hz，运行频率 =X+Y					

评价（见表4-74）

表4-74 评价表

评价表 ___学年	工作形式 □个人 □小组分工 □小组		工作时间（30min）	
任务	训练内容	训练要求	学生自评	教师评分
变频器的主辅电源叠加给定	1．工作步骤及电路图纸，20分	工作步骤设计合理，电路图纸符合《电气图用图形符号》规定，电路原理正确		
	2．线路连接，10分，导线的选择与端子接线	能够正确选择导线的颜色和线径，会使用电气接线工具，接线符合电气控制接线标准		
	3．参数设置，30分，完成参数设置	能设置变频器运行参数及电动机参数，会根据功能要求设置变频器的功能参数		
	4．测试与功能，30分，全面检测整个装置	能够正确操作变频器进行变频器功能测试，会全面检测变频调速系统的安全性和可靠性		
	5．职业素养与安全意识，10分	现场安全保护；工具器材等处理操作符合职业要求；分工合作；遵守纪律，保持工位整洁		

项目 4 变频器的运行与控制

107

 任务8 变频器的PID控制

 **任务目标**

（1）了解 PID 控制的基本原理；

（2）掌握变频器 PID 控制的参数设置；

（3）掌握变频器 PID 控制的外围接线；

（4）能使用变频器的 PID 功能实现简单过程控制系统。

相关知识

1 PID控制简介

"PID"是"比例、积分、微分"的英文缩写。PID 控制是一种基于反馈的控制算法，是生产过程中模拟量控制最常用的一种控制方式。当被控对象的结构和参数不能完全掌握，或得不到精确的数学模型时，控制理论的其它技术难以采用时，系统控制器的结构和参数必须依靠经验和现场调试来确定，这时应用 PID 控制技术最为方便。即当我们不完全了解一个系统和被控对象，或不能通过有效的测量手段来获得系统参数时，最适合使用 PID 控制技术。在实际应用中，根据被控对象的特点不同，很多场合不需要使用积分控制或微分控制，仅需要采用 PI 控制或 PD 控制就可以满足要求。

2 PID控制原理

PID 控制是用于过程控制的一种常用方法，通过对被控量的反馈信号与目标量信号的差量进行比例、积分、微分运算，来调整执行机构的输出，构成负反馈系统，使被控量稳定在目标量附近，常用于流量控制、压力控制及温度控制等过程控制。控制基本原理框图如图 4-26 所示。

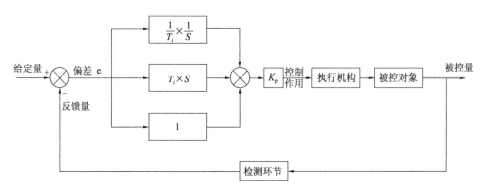

图 4-26 PID 控制系统框图

从时域的角度来看，PID 控制算法使得控制作用（Control Action）的值等于偏差（Error）值的比例信号、积分信号、微分信号的和，故称为 PID 控制。如式（4-1）所示。

$$u(t) = K_p\left[e(t) + \frac{1}{T_i}\int_0^t e(t)\mathrm{d}t + T_d\frac{\mathrm{d}e(t)}{\mathrm{d}t}\right] \tag{4-1}$$

式中：$u(t)$——t 时刻的控制作用；

$e(t)$——t 时刻给定量与反馈量的差；

K_p——比例增益，即 PID 参数中的比例参数；

T_i——积分时间，即 PID 参数中的积分参数；

T_d——微分时间，即 PID 参数中的微分参数。

由此可得，PID 控制器的传递函数如式 4-2 所示。

$$G(S) = \frac{U(S)}{E(S)} = K_p(1 + \frac{1}{T_i \cdot S} + T_d \cdot S) \qquad (4-2)$$

在 PID 控制中，可以将控制作用分解为三个部分：比例控制、积分控制和微分控制。这三部分控制作用分别有各自的功能，在实际应用中，根据被控对象的特点不同，很多场合不需要使用微分控制或积分控制，仅需要采用 PI 控制或 PD 控制就可以满足控制要求。

比例（P）控制：比例控制是一种最简单的控制方式。其控制器的输出与输入误差信号成比例关系。当仅有比例控制时系统输出存在稳态误差（Steady-state Error）。

积分（I）控制：在积分控制中，控制器的输出与输入误差信号的积分成正比关系。对一个自动控制系统，如果在进入稳态后存在稳态误差，则称这个控制系统是有稳态误差的或简称有差系统（System with Steady-state Error）。为了消除稳态误差，在控制器中必须引入"积分项"。积分项对误差取决于时间的积分，随着时间的增加，积分项会增大。这样，即便误差很小，积分项也会随着时间的增加而加大，它推动控制器的输出增大使稳态误差进一步减小，直到等于零。因此，比例 + 积分 (PI) 控制器，可以使系统在进入稳态后无稳态误差，在过程控制中使用。

微分（D）控制：在微分控制中，控制器的输出与输入误差信号的微分（即误差的变化率）成正比关系。自动控制系统在克服误差的调节过程中可能会出现振荡甚至失稳。其原因是由于存在较大惯性组件（环节）或有滞后 (Eelay) 组件，具有抑制误差的作用，其变化总是落后于误差的变化。解决的办法是使抑制误差的作用的变化"超前"，即在误差接近零时，抑制误差的作用就应该是零。这就是说，在控制器中仅引入"比例"项往往是不够的，比例项的作用仅是放大误差的幅值，而目前需要增加的是"微分项"，它能预测误差变化的趋势，这样，具有比例 + 微分的控制器，就能够提前使抑制误差的控制作用等于零，甚至为负值，从而避免了被控量的严重超调。所以对有较大惯性或滞后的被控对象，比例 + 微分 (PD) 控制器能改善系统在调节过程中的动态特性。

3 汇川MD380系列变频器PID控制相关参数

汇川 MD380 系列变频器提供了 PID 控制功能，不需要另外的控制器就可以进行流量、液位等过程量的控制。其 FA 参数组是专用的过程控制 PID 参数，用户可以通过将 F0-03 或 F0-04 设置为"8"，使该组功能起作用，即使用变频器的 PID 控制功能。这时变频器就成为了控制系统中的 PID 控制器，接收给定量与反馈量，经过 PID 运算得到控制作用，再将控制作用线性变换为交变电流驱动电动机，最终使被控量稳定在给定值附近。以某管道流量控制为例，系统框图如图 4-27 所示。

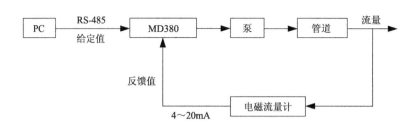

图 4-27　某管道流量控制系统系统框图

汇川 MD380 变频器 PID 参数组关键参数说明如表 4-75 及表 4-76 所示。

表 4-75　给定量、反馈量通道设定参数

FA-00	PID 给定源		出厂值	0
	设定范围	0	FA-01	
		1	AI1	
		2	AI2	
		3	AI3	
		4	PULSE 脉冲 (DI5)	
		5	通信设定	
		6	多段指令	
FA-02	PID 反馈源		出厂值	0
	设定范围	0	AI1	
		1	AI2	
		2	AI3	
		3	AI1－AI2	
		4	PULSE 脉冲 (DI5)	
		5	通信设定	
		6	AI1+AI2	
		7	MAX(|AI1|,|AI2|)	
		8	MIN(|AI1|,|AI2|)	

　　汇川 MD380 变频器 PID 相关参数设置如图 4-28 所示，使用 PID 频率闭环控制时，需要选定频率源 F0-03=8，即选择 PID 输出频率。FA-00 决定过程 PID 目标量给定通道。给定量通道可以选择 FA-01 给定、AI1、AI2、AI3 给定，脉冲给定（DI5），通信给定和多段指令给定。FA-02 选择 PID 反馈通道，反馈量可以选择 AI1，AI2，AI3，AI1－AI2，AI1－AI2，max(AI1－AI2)，min(AI1－AI2) 脉冲给定（DI5），通信给定。

　　FA-03 用于改变 PID 的正反作用，正作用时，当反馈信号大于 PID 的给定，要求变频器输出频率下降，才能使 PID 达到平衡；反作用时，当反馈信号大于 PID 给定，要求变频器输出频率上升，才能使 PID 达到平衡，如放卷的张力 PID 控制。

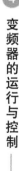

表 4-76　PID 控制常用参数

FA-03	PID 作用方向		出厂值	0
	设定范围	0	正作用	
		1	反作用	
FA-04	PID 给定反馈量程		出厂值	1000
	设定范围	0～65535	PID 给定反馈量程是无量纲单位。用作 PID 给定与反馈的显示	
FA-05	比例增益 P		出厂值	20
	设定范围	0.0～100.0		
FA-06	积分时间 I		出厂值	2.00s
	设定范围	0.01s～10.00s		
FA-07	微分时间 D		出厂值	0.000s
	设定范围	0.000～10.000		

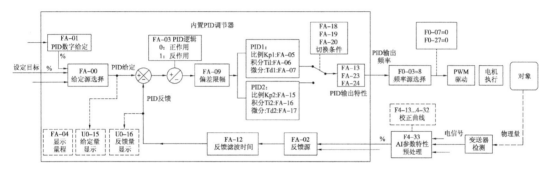

图 4-28　MD 380 PID 参数设置

PID 的量程（FA-04）不是必需的，因为无论量程设为多少，系统都是按相对值（0%～100%）进行运算的。但若设置了 PID 量程，可以通过键盘显示参数直观地观察到 PID 的给定和反馈对应的信号的实际值。

FA-05、FA-06 和 FA-07 分别用于设定 PID 控制中的比例积分微分系数。

FA 参数组其他参数的说明详见汇川 MD380 变频器使用手册。

4 PID参数整定

在 PID 控制中，最关键的问题是 PID 参数的整定。它是根据被控过程的特性确定 PID 控制器的比例系数、积分时间和微分时间的大小。也就是寻找一组合适的 PID 参数，使得被控量曲线超调量、调整时间、振荡次数尽量小。在实际应用中，不可能使得上述参数都达到理想程度，应根据被控对象的特点和控制的需求进行整定。通常常见的整定目标是通过参数调节使得最大超调和次大超调的比例为 4 ∶ 1，即所谓实现 4 ∶ 1 曲线。

PID 控制器参数整定的方法很多，概括起来有两大类：一是理论计算整定法。它主要是依据系统的数学模型，经过理论计算确定控制器参数。这种方法所得到的计算数据未必可以直接用，还必须通过工程实际进行调整和修改。二是工程整定法，它主要依赖工程经验，直接在控制系统的试验中进行，方法简单、易于掌握，在工程实际中被广泛采用。工程整定法也俗称为经验凑试法，即在工程经验的指导下，用不断凑试的方法找到一组合适的 PID 参数，使得被控量曲线达到比较理想的效果。

试凑法就是根据控制器各参数对系统性能的影响程度，边观察系统的运行，边修改参数，直到满意为止。一般情况下，PID参数设定值对控制效果的影响如下：①增大比例系数K_p会加快系统的响应速度，有利于减少静差。但过大的比例系数会使系统有较大的超调，并产生振荡使稳定性变差。②增加积分时间T_i将减少积分作用，有利于减少超调，使系统稳定，但系统消除静差的速度慢。③增加微分系数T_d有利于加快系统的响应，使超调减少，稳定性增加，但对干扰的抑制能力会减弱。在试凑时，常常先设$T_d=0$，禁止微分调节。一般可根据以上参数对控制过程的影响趋势，对参数实行先比例、后积分的步骤进行整定，待调整功能正常后，再酌情调整微分调节改善调节效果。

抑制超调：如果出现超调，请延长积分时间I，缩短微分时间D，如图4-29所示。

尽快使其达到稳定状态：即使发生超调，但要尽快使其稳定，请缩短积分时间I，延长微分时间D。如图4-30所示。

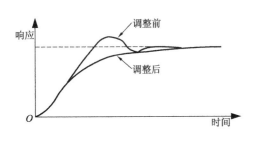

图4-29　抑制超调

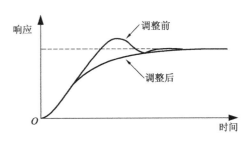

图4-30　减少调整时间

抑制周期较长的振动：如果周期性振动比积分时间I的设定值还要长时，说明积分动作太强，延长积分时间I则可抑制振动，如图4-31所示。

抑制周期较短的振动：振动周期较短，振动周期与微分时间D的设定值几乎相同时，说明微分动作太强。如缩短微分时间D，则可抑制振动，如图4-32所示。即使将微分时间D设定为0，也无法抑制振动时，请减小比例增益P。

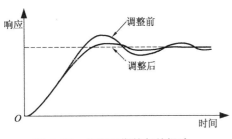

图4-31　抑制周期较长的振动

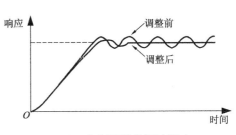

图4-32　抑制周期较短的振动

　工作内容1

使用变频器的PID控制功能，设计一液位控制系统，要求使液位恒定在65 cm处。

应用环境如下：

某水产养殖场养殖某种珍稀贝类，对水深、温度、盐分、pH值等均有较高的要求。现需要设计一液位控制系统，使得养殖池的水深保持恒定。该养殖池有一泄水管，随机向外部排水；有一水泵（水泵电机为三相交流异步电机，额定电压 380 V，额定转速 1 450 r/min，额定功率 2.2 kW），该泵根据液位变化情况向养殖池补充新鲜海水；养殖池水深要求为 70cm。液位检测环节采用带示教功能的超声波液位计，采用两线制输出 4 ~ 20 mA 电流信号。液位计校准已经完成，液位量程上下限分别校准为 70 cm 和 60 cm。

任务实施1

根据前面步骤，写出汇川 MD380 系列变频器实现变频器 PID 控制的实施步骤及参数，如表 4-77 所示。

表 4-77　实施步骤

序号	步骤	实施细节 汇川变频器 MD380 系列	工作要点
1	变频器的型号选择	MD380T2.2	
2	变频器的接线	（接线图：MDBU；L1 L2 L3 接 R S T，U V W 接 M 电机；液位变送器 + - 接 AI2、GND；TA TB TC 外接报警输出；MD380T2.2）	
3	变频器的功能参数	F0-07= F0-03= FA-00= FA-01= FA-02= FA-03= FA-04= FA-05= FA-06= FA-07=	
4	变频器的调试	通过调试实现：液位平衡在 65cm 处	
5	调试结果及调试中的问题分析及解决	调试结果 问题及解决方法	
6	评价	完成评价表和功能测试表	

项目 4　变频器的运行与控制

评价（见表4-78）

表4-78　评　价　表

评价表 ＿＿＿＿学年		工作形式 □个人　　□小组分工　　□小组		工作时间（90min）	
任务	训练内容	训练要求		学生自评	教师评分
设计PID 控制系统	1. 工作步骤及电路图纸，20分	工作步骤设计合理，电路图纸符合《电气图用图形符号》规定，电路原理正确			
	2. 线路连接，10分，导线的选择与端子接线	能够正确选择导线的颜色和线径，会使用电气接线工具，接线符合电气控制接线标准			
	3. 参数设置，30分，完成参数设置	能设置变频器运行参数及电动机参数，会根据功能要求设置变频器的功能参数			
	4. 测试与功能，30分，全面检测整个装置	能够正确操作变频器进行变频器功能测试，会全面检测变频调速系统的安全性和可靠性			
	5. 职业素养与安全意识，10分	现场安全保护；工具器材等处理操作符合职业要求；分工合作；遵守纪律，保持工位整洁			

工作内容2

在完成实训1要求的基础之上，使用经验凑试法，完成PID参数的整定，响应曲线实现使得最大超调和次大超调的比例为4∶1，并记录整定过程。

任务实施2

根据前面步骤，写出汇川MD380系列变频器实现变频器PID控制的实施步骤及参数，如表4-79所示。

表4-79　实施步骤

序号	步骤	实施细节 汇川变频器MD380系列	工作要点
1	变频器的型号选择	MD380T2.2	
2	变频器的接线		
3	变频器的功能参数	F0-07= F0-03= FA-00= FA-01= FA-02= FA-03= FA-04= FA-05= FA-06= FA-07=	

序号	步骤	实施细节 汇川变频器 MD380 系列	工作要点
4	变频器的调试	通过调试实现：最大超调和次大超调的比值为 4 ： 1	
5	调试结果及调试中的问题分析及解决	调试结果 问题及解决方法	
6	评价	评价从知识、技能、质量、素质、团队合作 5 个方面来实施	

功能测试（见表4-80）

表 4-80　功能测试表

序号 \ 观察项目 \ 结果	修改参数记录			结果
	FA-05	FA-06	FA-07	比值
1				
2				
3				
4				
5				
6				
7				
8				
9				
10				

评价（见表4-81）

表 4-81　评 价 表

评价表 _____学年		工作形式 □个人　　□小组分工　　□小组		工作时间（60min）	
任务	训练内容	训练要求		学生自评	教师评分
变频器的PID参数整定	1. 工作步骤及电路图纸，20分	工作步骤设计合理，电路图纸符合《电气图用图形符号》规定，电路原理正确			
	2. 线路连接，10分，导线的选择与端子接线	能够正确选择导线的颜色和线径，会使用电气接线工具，接线符合电气控制接线标准			
	3. 参数设置，30分，完成参数设置	能设置变频器运行参数及电动机参数，会根据功能要求设置变频器的功能参数			
	4. 测试与功能，30分，全面检测整个装置	能够正确操作变频器进行变频器功能测试，会全面检测变频调速系统的安全性和可靠性			
	5. 职业素养与安全意识，10分	现场安全保护；工具器材等处理操作符合职业要求；分工合作；遵守纪律，保持工位整洁			

练习与提高

1．面板操作的参数有哪些，各起什么作用？

2．用面板控制电机正转，变频器输出频率为 25Hz，然后通过面板按键改变旋转方向，停止。试设定参数及调试步骤。

3．电机运行如图 4-33 所示，写出参数设定及调试步骤。

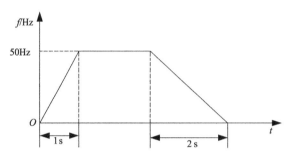

图 4-33　题 3 的图

4．分别写出外控电位器、外控电压，外控 4～20 mA 电流方式控制下的数据，并根据数据画出 V-f、V-f、I-f 控制曲线。

5．分别用外控电位器方式，外控电压和外控电流方式使电机正转，频率为 30 Hz，然后反转，频率为 25 Hz，简要写出他们的操作步骤。

6．用 PLC、变频器、电动机构成控制系统，画出接线图，并设置变频器参数，编制 PLC 程序实现变频器的正反转控制。

7．分别用面板功能键和 DI 输入端子设定电动机为点动方式，点动频率为 28 Hz，点动加速时间 5 s，点动减速时间 5 s，反转。画出硬件接线图、写出功能参数及调试步骤。

8．设定电机为多段速运行方式，频率设定为第一速率 16 Hz，第二速率 26 Hz，第三速率 36 Hz，第四速率 46 Hz。分别设定为正转和反转，画出硬件接线图、写出功能参数及调试步骤。

9．上题的所有按钮由 PLC 控制，画出硬件接线图，写出功能参数、PLC 程序及调试步骤。

10．什么叫变频器的软件保护功能？变频器的软件保护功能有哪些？

11．变频器的过载保护与哪些因素有关，软件过载保护需要设哪些参数？

12．什么是失速保护，失速保护的作用是什么？

13．V/F 控制模式下，变频器输出 1Hz 时为何电机不转，如何使电机在变频器输出为 1Hz 时启动？

14．转差频率补偿功能有什么作用？

15．变频器的简易 PLC 功能与变频器的多段速功能有何不同？

16．参照定长控制的步骤，完成 MD380 变频器的计数控制。

17．变频器的频率源有哪些？

18．PID 调节的作用是什么？

19．PID 调节系统如何根据实际情况调整 PID 参数？

项目 5

变频器维护

任 务　变频器维修与故障检测

任务目标

（1）能够根据故障代码显示诊断与排除故障；

（2）能够根据报警信息判断与排除故障；

（3）能够对汇川变频器故障一般分析。

工作内容

本项目介绍变频器维修的基础知识、变频器故障的检查方法、变频器的故障分析与维修测试、变频器故障报警信息的处理与检修实例，集基础知识、维修方法、变频器故障报警信息处理、维修实例于一体，全面了解和掌握变频器维护的操作技能。

任务实施

1 变频器故障

变频器的报警分为 2 类：

（1）有故障代码类：Err01~Err24；

（2）无故障代码类：变频器上电外部跳闸，上电无显示，显示8.8.8.8.8.，显示HC、显示正常但电机不运转等。

故障是变频器报警中最严重的报警，故障一旦发生，变频器将立即关闭输出，电机进入自由停车状态，同时故障输出触点动作，故障被自动记忆，清除故障后，才能恢复正常运行。

变频器故障代码显示、故障名称及故障原因如表 5-1 所示。

表 5-1 故障代码、名称及可能的原因

故障代码	故障名称	可能的故障原因
Err02 Err03 Err04	过电流故障	1. 变频器选型小； 2. 参数设置不合适（尤其是加减速时间和电机参数）； 3. 用矢量控制方式时没有进行参数调谐； 4. 负载短路或者负载过重； 5. 变频器电流检测电路问题； 6. 电磁干扰
Err05 Err06 Err07	过电压故障	1. 电网电压异常； 2. 参数设置不合适（尤其是加减速时间过短）； 3. 未装制动单元或者制动电阻阻值过大； 4. 变频器检测电路问题（驱动板）
Err09	欠压故障	1. 电网电压异常； 2. 接触器或者继电器未吸合； 3. 电压校正系数错误； 4. 驱动板检测电路故障
Err10 Err11	变频器过载、电机过载	1. 选型小； 2. 电机保护参数设置不合适； 3. 负载过重或者电机堵转
Err12	输入侧缺相	1. 电网缺相； 2. 变频器输入接触器、空开，接线等有一相接触不良； 3. 变频器驱动板或者防雷板检测电路故障
Err13	输出侧缺相	1. 电机或电机线某相不良或者接触不好； 2. 变频器逆变单元损坏； 3. 变频器驱动板驱动电路故障； 4. 变频器驱动板检测电路或者霍尔故障
Err14	散热器过热	1. 环境温度过高； 2. 散热通道堵塞或者控制柜散热通道不合理； 3. 风扇不转或者转速低； 4. 变频器载频设置过高； 5. 温度传感器故障（对模块内置温度传感器的，需要更换模块）； 6. 温度曲线设置不对； 7. 驱动板温度检测电路故障
Err15	外部设备故障	1. 外部设备及接线故障； 2. 非键盘操作方式下按了 STOP 键； 3. 其他错误操作； 4. 控制板电路故障
Err16	通信故障	1. 通信参数设置不正确； 2. 通信线连接不良； 3. 上位机软件问题； 4. 通信线受干扰； 5. 控制板或者通信卡相关电路故障； 6. 电磁干扰

故障代码	故障名称	可能的故障原因
Err 17	接触器故障（对37kW以上功率等级变频器）	1. 接触器故障，接触器控制电缆接触不良； 2. 缓冲电阻损坏； 3. 控制接触器的驱动板或者电源板故障； 4. 采样接触器信号的防雷板故障
Err 18	电流检测故障	1. 对30kW以下功率变频器，驱动板电流检测电路故障； 2. 对37kW以上功率变频器，霍尔故障； 3. 对37kW以上功率变频器，霍尔与驱动板之间连线接触不良； 4. 驱动板电流检测电路故障
Err 19	电机调谐故障	1. 参数设置不正确； 2. 电机或者电机线接触不良； 3. 驱动板故障
Err20	码盘故障	1. 编码器型号与变频器要求的不匹配； 2. 编码器连线接错或者接触不良； 3. PG卡故障，PG卡和驱动板之间连线不良； 4. 变频器驱动板故障
Err21	数据溢出	控制板故障
Err22	变频器硬件故障	1. 过电压导致，参见过电压的可能原因； 2. 过电流导致，参见过电流的可能原因； 3. 变频器驱动板故障
Err23	对地短路故障	1. 电机绕组对地短路； 2. 电机线绝缘破损，对地短路； 3. 逆变模块故障； 4. 驱动板相关电路故障； 5. 对37kW以上功率变频器，霍尔故障
变频器上电时外部空开跳闸	外部空开跳闸	1. 外部空开、接触器、配线或其它用电设备故障； 2. 变频器整流桥，逆变模块损坏； 3. 电源线接错，可能接到了变频器U/V/W输出侧； 4. 75kW以上变频器，外置直流电抗器接错线，接到了（+）和（-）端子上
变频器上电无显示	上电无显示	1. 电网电压没有或者过低； 2. 变频器驱动板上的开关电源故障； 3. 整流桥损坏； 4. 变频器缓冲电阻损坏； 5. 控制板、键盘故障； 6. 控制板与驱动板、键盘之间连线断
上电显示 8.8.8.8.8	上电显示8.8.8.8.8	1. 驱动板上相关器件损坏； 2. 控制板上相关器件损坏
上电显示HC	上电显示HC	1. 驱动板与控制板之间的连线接触不良； 2. 驱动板上相关器件损坏； 3. 控制板上相关器件损坏； 4. 电机或者电机线对地短路； 5. 霍尔故障； 6. 电网电压过低
上电显示正常，一运行就显示HC并停机复位	运行就显示HC	1. 风扇损坏或者堵转； 2. 外围控制端子接线有短路

项目

5

变频器维护

续表

故障代码	故障名称	可能的故障原因
闭环矢量控制时，速度起不来	闭环矢量控制时，速度起不来	1．编码器故障； 2．编码器接错线或者接触不良； 3．PG 卡故障； 4．驱动板故障
DI 端子失效	DI 端子失效	1．参数设置错误； 2．外部信号不对； 3．OP 与＋24V 之间的短路片没有接触好； 4．控制板电路故障
变频器显示正常但电机不转	电机不运转	1．电机及电机线； 2．变频器参数设置错误（电机参数）； 3．驱动板与控制板连线接触不良； 4．驱动板故障

② 变频器主功率器件检查与判断

首先，要判断是否是变频器本身损坏。产品运行过程出现异响或能明显嗅出煳味，或者输入电源正常而产品没有显示时，或者变频器一上电就显示故障，基本可以判断变频器发生故障。此时整机下电后，为安全起见，必须先对变频器主回路进行初步检测，而主回路的检测首选检测整流桥和逆变桥是否正常，具体方法如下：

1．整流桥检测方法

将万用表设为二极管测定位置，用黑表笔接触正母排（＋），用红表笔分别接触 R、S、T 输入端子或 L1、L2 输入端子；然后用红表接触负母排（－），用黑表笔分别接触 R、S、T 输入端子或 L1、L2 输入端子。

判定标准：整流桥呈二极管特性。此时万用表显示的二极管正向压降数值一般在 0.4～0.5V 之间（视模块不同有差异），且测得的 6 个整流二极管正向压降值几乎相等，相差一般在 0.05V 之内，如果相差太大或者为 0V（短路），则基本可以判定整流桥损坏。

2．逆变桥检测方法

将万用表设为二极管测定位置，用黑表笔接触正母排（＋），用红表笔分别接触 U、V、W 输出端子；然后用红表接触负母排（－），用黑表笔分别接触 U、V、W 输出端子。

判定标准：逆变桥呈二极管特性。此时万用表显示的二极管正向压降数值一般也在 0.35～0.5V 之间（视模块不同有差异），且测得的 6 个续流二极管的正向压降值几乎相等，相差一般在 0.05V 之内，如果相差太大或者为 0V（短路），则基本可以判定逆变桥损坏。

> 注意：
> 这种逆变桥检测方法，仅仅是检测逆变桥的续流二极管是否正常，不过由于续流二极管是与逆变IGBT反并联，而IGBT损坏一般都是C/E极之间短路，所以如果IGBT损坏的话这种方法一般都能检测出来，除非IGBT只有微小的"喷坏"。不过这种微小的"喷坏"，在变频器不带电机运行或者带电机运行过程中一般会体现出来（比如一运行就报过流等），如果遇到这种情况且不确定的情况下，可按如前所述的各种具体故障进行排查，或寻求技术支持。

接着，确认整流桥与逆变模块正常之后，可尝试给变频器重新上电（如条件允许，可慢慢

往上调节输入电源电压），上电后如果能听见清脆的继电器（或接触器）吸合的声音且变频器显示正常，则可基本判定整流桥正常且开关电源工作正常。

> **注意：**
> 　　对于37kW（含）以上变频器，整机重新上电前，专业服务人员可先打开变频器上盖，检查机器内部是否有异常，比如是否有明显的打火或器件烧黑痕迹，如果有，则整机不能上电，须排除故障源或更换损坏器件后才能做后续处理，此时最好寻求技术支持。如果是非专业人员，则切勿私自打开变频器，否则变频器可能会造成更严重的二次损坏或者有触电甚至爆炸等危险。

最后，变频器显示正常之后，则要判断是变频器本身出故障还是外部原因造成。简易的判断方法是只接 R、S、T 三根输入电源线，取掉变频器其它的连线包括电机线，设置成 V/F 控制方式，使变频器运行到 50Hz，用万用表测量 U、V、W 输出电压，如果三相输出电压正常且基本平衡，则变频器是正常的，应该检查外围原因或者参数设置。

③ 常见故障案例详解

1．变频器上电正常，一开始运行就显示"—H—C—"

故障现象：上电变频器正常，一运行键盘就显示"—H—C—"。

故障原因：风扇损坏，控制回路有外部短路。

解决办法：更换风扇，或者排除外部短路故障。

详细分析：

（1）上电变频器显示正常，说明电源没有问题。一运行就键盘就显示"—H—C—"，说明一运行就有故障导致变频器复位（汇川公司变频器显示"—H—C—"，说明变频器正在复位）。这种情况一般是风扇损坏导致，因为上电时风扇是不转的，有运行命令后 CPU 才给出控制信号，使电子开关 S2 闭合，风扇接通电源开始工作，如图 5-1 所示。

如果风扇损坏短路，一按运行键就相当于把 24V 电源短路。汇川公司的电源设计有短路保护，不会损坏器件，电源只是不停地复位，键盘显示"–H–C–"。

（2）对所有变频器来讲，风扇都是一个易损件，特别是在灰尘、油污情况严重的场所内，因此需要定期或者不定期的清理风扇上的灰尘、油污等。

（3）汇川公司针对风扇易损坏的问题专门采取了一些措施：一是采用行业内品质最好的风扇，尽量减小风扇的故障率；二是电源设计了短路保护，即使风扇短路也不会损坏其他器件；三是结构设计上精心考虑，风扇损坏时易于更换。汇川公司的风扇更换时不用打开变频器，而是直接把风扇拆下即可，十分容易和方便。

2．MD380变频器DI端子不能使用

故障现象：变频器键盘控制正常，而端子控制时无效。

故障原因：控制板上 +24V 与 OP 之间的短路片松动。

解决办法：拧紧 +24V 与 OP 之间的短路片。

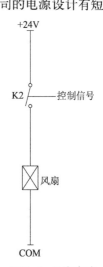

图 5-1 风扇电路

详细分析：汇川 MD320 系列变频器控制板有 5 个数字输入控制端子 DI1～DI5；DI 端子的基本原理如图 5-2 所示。

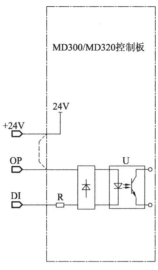

图 5-2 DI 端子电路

如果变频器的 DI 端子不能使用，一般是 +24V 与 OP 间的短路片却没有拧紧，此时所有的 DI 端子都没有电源。如果 DI 端子中有个别失效，则是此端子失效，需要更换控制板或更换至其他空余的端子。变频器的端子为可编程端子。

3．变频器运行一段时间后报Err14（模块过热）

故障现象：变频器运行一段时间后报 Err14（模块过热）。

故障原因：

（1）载频设置太高；

（2）风道堵塞或者风扇损坏；

（3）柜体通风较差。

解决办法：

（1）通过设置参数降低载频，MD320 功能码是 F0-15，MD300 功能码是 F6-03；

（2）清理风道或者更换损坏的风扇；

（3）改善柜体的通风情况。

详细分析：

（1）变频器的载频越高，主功率器件（即 IGBT）的开关损耗越大，温升也就越高，到一定程度时变频器就会过热保警。如果环境温度在手册所要求的范围之内，则不会发生过热故障。在环境温度较高的场合，需要降额使用或降低载频。

（2）另一种出现过热报警的情况，可能是风道堵塞或者风扇损坏导致。在灰尘比较多的场合，运行一段时间后，风扇上和散热器的齿间会堆积一些灰尘，灰尘堆积过多就会降低风扇的风力或者堵塞风道，影响变频器的散热，最终导致变频器过热报警。因此出现过热报警后要检查一下风扇是否损坏，风道是否堵塞，定期及时清理风扇和风道。

（3）柜体本身散热不好，易引起变频器周边的环境温度过高，引起变频器模块过热报警。一般是变频器安装位置不合理或控制柜排风扇安装不合理等所致。

4．变频器能运行但实际没有输出

故障现象：下达运行命令后，键盘显示频率从 0Hz 运行到 50Hz，但变频器实际并没有输出，即接电机的 UVW 端子上电压为零或者很小。

故障原因：

（1）MD380 变频器控制板与驱动板连线松动，导致控制板与 DSP 没有通信；

（2）MD 系列产品 F1 组的电机参数被修改，数值变得很小。

解决办法：

（1）重新拔插变频器控制板与驱动板连线，确保控制板与 DSP 通信正常；

（2）重新设置 F1 组的电机参数。

详细分析：

（1）变频器驱动板和控制板上各有一个 CPU，如果两个 CPU 没有通信，那么按运行键后，键盘显示从零运行到 50Hz 就是假象，驱动板上的 CPU（DSP）并没有运行，所以变频器没有输出。通过按键盘上的移位键"〉〉"，让键盘显示母线电压，如果母线电压是 0.0V，那么两个 CPU 没有通信，如果母线电压是 500 多伏（220V 输入的话，母线电压是 300 多伏），说明通信正常。

（2）如果控制板与 DSP 通信良好，则检查 F1 的电机参数，特别是 F1-06 ～ F1-10 参数过小易引起此故障。按照电机铭牌设置 F1 组参数，并进行参数辨识。

5．变频器没有运行时出现制动电阻烧坏

故障现象：变频器没有运行制动电阻就出现发热变红甚至烧坏的情况。

故障原因：客户电压过高或者变频器制动回路损坏。

解决办法：将电压调回至正常范围，若电源电压正常时，故障还没有消除，则变频器出现故障，制动管损坏或内部电压检测异常，需要更换变频器。

详细分析：

（1）如果客户电源电压过高，实际上的母线电压过高。当 DSP 检测出母线电压达到一定值时（一般在 700V 左右，各厂有不同），会发出指令使制动管导通，则没有运行时就会出现制动电阻发热的情况。将电源调整至正常范围就会出解决问题。

（2）一般在电机处于发电状态时，变频器通过逆变回路的续流二极管将产生的能量输入到变频器内部，母线电压会升高。当 DSP 检测出母线电压达到一定值时，会发出指令使制动管导通，从而使电容上的能量通过外接的制动电阻放掉。如果变频器的制动管已经损坏，处于直通状态，上电后会一直使制动电阻两边加上母线电压，出现电阻发红损坏。另外一种情况是电压正常，但变频器内部检测回路异常，DSP 误以为过电压，使制动管导通，出现上述故障。需要更换变频器。

6．大功率变频器运行一段时间后缓冲电阻板烧坏

故障现象：变频器上电过程均正常，运行一段时间变频器内有响声并伴有器件烧煳的味道，此后变频器无显示。

故障原因：因为接触器原因造成缓冲电阻板烧坏。

解决办法：更换接触器及缓冲电阻板。

详细分析：变频器上电时有一个给电容器冲电的过程。为了保护整流桥的安全，一般通过

上电缓冲电阻来限制充电回路的最大电流。当电容器充电到一定电压后，会使接触器吸合来将缓冲电阻旁路掉。如果接触器不能吸合，整流回路的电流一直通过缓冲电阻。长时间运行就导致电阻器过热而烧坏。

7．H2U-XP无法与变频器正常通信

故障现象：使用 H2U-XP PLC 与 MD380 变频器通信，能写但不能读数据，或者读出来的数据跟写过去的是一样的，或其他的通信不正常。

故障原因：变频器与通信相关的参数设置不正确。也就是说接收的数据不是8位而是16位，其中后8位的数据就是我们所读出来的数。

解决办法：检查 MD380 变频器参数 FD-05 是否设为了"1"，如果没有请更改为"1"。标准 Modbus 协议此参数一定要设为"1"。（MD280 和 MD300A 没有此问题）如果变频器参数设置正确，那么问题肯定就在 PLC 程序处，检查 PLC 程序并改正之。

详细分析：

（1）如果使用 FX2N-485BD 或 FX0N-485ADP 时，须设定 D8120 的 (bit11, bit10)=(1, 1)。否则接收到的数据和发送的数据一样。

（2）当使用 FX2N-485BD 模块时，通信接收完成的判断标准如下：由于 FX2N-485BD 模块在做 RS-485 通信时，RDA 连接 SDA，RDB 连接 SDB，发送的信号同样会回到接收线上，因此接收完成标志会产生两次（第一次接收的字符为自己发送的字符，第二次接收的信号才是变频器的应答信号），要小心处理。

（3）当在较多台变频器通信或者是 PLC 程序很大时，采用上述第二点还可能无法正常读取数据，此时可以在程序中做以下的修改：将原程序：[RS D0 K8 D10 K8] 改为 [RS D0 K8 D10 K16] 这样接收的就是16位数据，其中后8位中存放的就是我们所要读取的数据。

8．地线接到PB端子上造成变频器损坏

故障现象：新变频器刚试机几次就出现问题，启动时报"Err09"故障，过会没有显示。

故障原因：检查发现整流桥已经烧坏了，进一步检查发现客户将地线接到了制动电阻的输出线 PB 端子上了，电柜上的地线与零线相通。由于用户错将 PE 线接到变频器的 PB 端子上而引起变频器损坏。请一定要注意 PB 与 PE 的区别。

处理办法：更换变频器并正确接线。

详细分析：如图 5-3 所示。

当减速停车过程中电机处于发电状态，造成直流母线电压超过 700V 时，制动管导通，则会出现整流桥和制动管炸裂的现象，出现图 5-3 中虚线所示的短路电流。

9．将零线或地线接到变频器的（-）接线端子上引起的炸机：

故障现象：上电炸机，整流桥损坏。

故障原因：将零线接到母线的（-）接线端子上是经常引起炸机的主要原因。多见于对于新变频器的初期使用者。变频器的电源只须接三相电源及地线而无须接零线。

处理办法：更换变频器或整流桥后正确接线。

详细分析：如图 5-4 所示。

变频器的输入端只接三相电源线，并将地线接至频器的接地端子，无须接零线。如果把把电源零线接到变频器直流母线的（-）端子上，上电就会形成如下的回路，相当于电源直接通过整流桥短路，就会烧毁整流桥。R/S/T 三相与之类似。

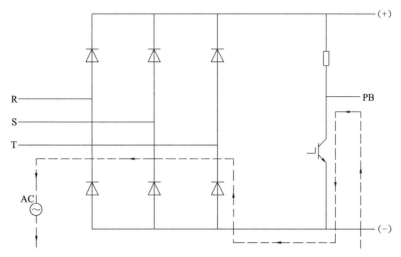

图 5-3 地线接到 PB 端子上形成的回路

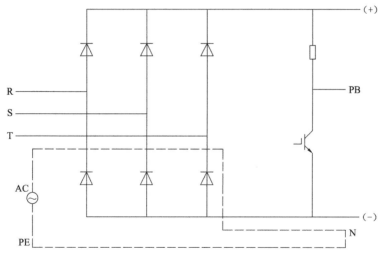

图 5-4 短路电流示意图

4. 变频器现场安装注意事项

变频器作为一种功率变换装置，散热要求是它一个很重要的方面，合理有效的散热对提高变频器的可靠性，保证长期稳定运行起到很重要的作用。变频器里面的功率器件（如整流桥、IGBT），开关电源的 MOS 管、变压器，各种 IC 对温度都有要求，尤其是储能滤波用的大电解电容器，温度每升高 10℃，寿命会下降一半。温度在 30℃以下，电解电容的使用寿命可长达 10 年以上，而在 50℃时，其寿命却只有约 2.5 年。

1. 安装设计要求

不同结构尺寸及不同功率等级的变频器安装尺寸要求都会略有不同。变频器安装距离推荐如表 5-2 所示。

表 5-2 汇川变频器安装尺寸要求

功率等级	安装尺寸 /mm	
	A	B
≤ 15	≥ 100	可以不作要求
>15	≥ 300	≥ 50

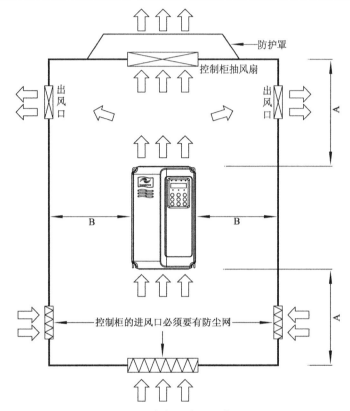

图 5-5 变频器安装示意图

除要遵守变频器说明书中提到的一般要求外，还应注意以下几个方面：

（1）变频器应安装在控制柜内部。

（2）变频器一般垂直安装。

（3）在多粉尘现场，必须对变频器进行定期维护，及时清理机器内部的粉尘，对于粉尘严重的地方，维护周期应为 2 ~ 3 个月，时间不宜过长，以尽早消除故障隐患。

2．控制柜维护要求：

控制柜设计的总体要求：控制柜整体应该密封，应该设计专门的进风口和出风口进行通风散热。（必要时可采用独立风道的控制柜）

（1）控制柜顶部应设有出风口、防护网和防护顶盖。

（2）控制柜的风道要设计合理，使排风通畅，不容易积累灰尘油污等。

（3）控制柜也要进行定期维护，对于粉尘严重的现场，维护周期应为 1 个月左右。

5 行业常见问题及处理方案

1. 数控车床行业常见问题及原因分析

（1）数控车床主轴在采用变频驱动时，对所采用的变频器有如下四个方面的技术要求：

① 转速精度：指主轴运转稳定运行时的转速波动误差，一般厂家都要求在 3% 以内，性能好的变频器的稳速精度在 5 转以内。

② 急加 / 减速的要求：为了提高工作效率，要求变频器的加减速时间尽管短，一般从零速到最高转速的加速时间及最高转速停车至零速的减速时间要求在 3 ～ 5s。

③ 低速重切削要求：在加工一些工件时需要变频器在低速时能够输出大转矩。低速重切削是衡量变频器是否适合在数控车床主轴应用的最重要的指标。在同样的切削条件下，主轴的运转速度越低，则证明变频器的低速输出力矩性能越好。

（2）在数控车床变频器的应用中，主轴变频需要配合车床的数控系统来工作。所有的指令都由数控系统发出，主轴变频器充当执行机构的角色。在实际应用中，我们通常会碰到以下几类非变频器质量因素而引起的故障现象：

① 主轴实际转速与设定转速有偏差。由于变频器的频率指令来源系统的 0 ～ 10V 或 4 ～ 20mA 模拟量，如果设定转速与显示转速有偏差，可通过修改最大频率和模拟量的对应关系来修正。一般是先将高转速对应准确，再调整低转速。

② 主轴转速精度不够。一般都是电机参数误差大所引起，需要对电机进行动态调谐以获得准确的电机参数。

③ 加工过程中，主轴切削无力。是电机参数误差大所引起，需要对电机进行动态调谐以获得准确的电机参数。

④ 在加速或工作过程中报过电流故障。加速过电流很多情况下是加速时间太短。或因为电机参数偏差较大，需要对电机进行动态调谐以获得准确电机参数。

⑤ 在停车过程中报过电压故障。一种情况是减速时间太短，另一种可能是制动电阻配置不合适，或制动电阻回路出现开路的现象，需要调整减速时间或配置合适的制动电阻。

⑥ 主轴在运行过程中在某一频率段的噪声异常。出现这种情况的原因是由于机械共振引起。可以通过设置跳跃频率或改变机械结构而消除。

⑦ 数控系统不能正常控制变频器。首先确定是否变频器本身原因还是系统原因造成的。可以采用面板操作或直接从控制端子给信号的方式控制来判断。

2. 拉丝机行业常见问题及原因分析

SL 型双变频器拉丝机专用变频器调试简单，逻辑清晰，广泛应用于拉丝机行业。现场应用时会遇到下列问题：

（1）张力不稳：张力不稳定现场的可能原因较多。

① 电机参数是否正确，尤其是六极电机，建议采用完整调谐；

② 空盘～满盘 PID 参数不合适，出厂 PID 可以满足大多拉丝机的需求，极个别的须微调；

（2）空盘时正常，随着卷径的增大，张力杆也会慢慢往上翘。可通下面两种方式来解决：

① 将卷径计算的最低线速度设定得小一些。

② PID 限幅值适度设大一些。

（3）中低速正常，加速到最高速时，张力杆突然掉下：

① 收线最大线速度对应频率设定偏低，请将此值适当加大。

② 适当调整伸线变频器 AO 增益。

（4）换盘后收线转速很低，张力杆起不来。卷径没有复位，先按复位按钮再开机。

（5）张力杆起来时间太长：

① 适当加大收线变频器 FH-16 的值；

② 对于中拉机，这种情况出现的可能性比较大，这时候采用适当增加 F4-14 或者 F4-19 的值最为有效，视实际的配线而定。默认值为零，可以根据情况设定为 0.2～0.5，这时应该加大 FA 的 P 值。

（6）启动过程抱闸动作：变频器抱闸参数设置不合理。

（7）正常运行时制动电阻器发烫或烧坏：制动电阻器发热一般情况下是正常的，但如果发生异常，则可能是制动管损坏或电阻功率过小的原因。

练习与提高

1．正常运行时，应每天认真做好变频器的日常巡视检查工作，巡视内容主要包括哪引起内容？

2．假如 MD380 运行中故障跳闸，故障信息显示 Erro4，简述对此故障的处理思路及步骤。

变频器应用技术

项目6

变频器通信功能

任务1 变频器Modbus通信网络

任务目标

（1）熟悉变频器的通信原理；

（2）能够进行变频器的通信参数设置；

（3）能够进行变频器和工控设备的调试。

Modbus 协议是由 Modicon 莫迪康（现为施耐德电气公司的一个品牌）在 1979 年发明的，是全球第一个真正用于工业现场的总线协议。Modbus 协议是应用于电子控制器上的一种通用语言。通过此协议，控制器相互之间、控制器经由网络（例如以太网）和其他设备之间可以通信。它已经成为一通用工业标准。有了它，不同厂商生产的控制设备可以连成工业网络，进行集中监控。在中国，Modbus 已经成为国家标准。国内众多的自动化设备厂商均支持 Modbus 协议通信。

汇川多个系列的变频器均支持 Modbus 协议通信，只需在汇川变频器上安装 H2U-485-BD 通信卡即可。汇川 H2U-485-BD 通信卡如图 6-1 所示。

安装方式：首先让变频器完全断电，其次将通信板卡与变频器控制板的扩展卡接口良好接触，正确插入，再用螺钉固定通信卡，其安装示意图如图 6-2 所示。

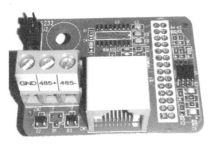

图 6-1 H2U-485-BD 通信卡

图 6-2 H2U-485-BD 通信卡安装

接线方式：通信接线时，为避免通信信号受外界干扰，通信连线建议使用带屏蔽的双绞线，尽量避免使用平行线，屏蔽层进行可靠接地。

 工作内容1

一台汇川 H2U 系列 PLC 与一台汇川 MD320 系列变频器的 485 通信连接。

控制系统采用一台汇川 H2U 系列 PLC 与一台汇川 MD320 系列变频器相连接，通过 485 接口连接，采用 Modbus 协议通信。通过触摸屏控制变频器运行，能改变当前运行频率，并能显示变频器运行时的相关参数。

任务实施1

1. 电路设计（见图6-3）

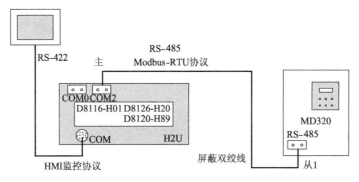

图 6-3 H2U PLC 与 MD320 变频器通信电路

2. 连接要点

通信信号线的连接方法如下：

H2U 系列 PLC 的 COM0 通信口采用 HMI 监控协议与触摸屏通信。

COM1 口用于与 MD 系列变频器的 Modbus 通信。485 接口的信号线连接如下：H2U 的 COM1 通信口的 485+ 连接 MD280 接线端子的 485+，485- 与 485- 相连接。

3. 参数设置

其次变频器的通信协议为 Modbus-RTU 从站，其默认地址为＃1，通信速率为9600bit/s，8N2，只需初始化 MD320 后，就会是该设置，被动响应外部控制。若参数已经改动，则变频器参数需设置为：

F0-02=2 采用通信方式更改变频器的命令源（即启动、停止的命令输入）。该参数可以在

面板上改，也可以使用通信方法修改。

F0-03=9 变频器的运行频率，设置为通过通信方式给定运行频率。该参数可以在面板上改，也可以使用通信方法修改。请注意，该参数设置的"频率值"并不是以 Hz 为量纲的数据，而是相对于"最大频率"（F0-10）的百分比，K10000 为满刻度，需要折算一下，例如变频器最大频率为 50.00Hz，希望以 40.00Hz 运行，需要发送的数据为 K8000。

FD-00=5 即通信速率是 9600bit/s。

FD-01=1 即通信的奇偶检验方式为无校验。

FD-02=1 即本机的通信地址（本机站号）为 #1,若一台汇川 PLC 须通信连接多台变频器，只需要修改该参数，使得每台变频器地址不一样即可，其他通信参数不变。

FD-05=1 为通信协议的选择，出厂时均为 0，即"非标准 Modbus"协议，请手动设置为 1，即选择"标准 Modbus"，否则会产生通信错误。

4．编程调试

首先将 PLC 的 COM0 口设为（默认的）HMI 监控协议，方便编程下载。

COM0 口：协议 D8116=H01，HMI 监控协议。COM1 口：协议 D8126= H20；格式 D8120=H89，MODBUS 主站，9600bit/s，8 位数据位，无校验位，2 位停止位。

（1）设置通信协议和参数。首先，将 D8126=H20,D8120 = H89 就将 COM1 口设定为 Modbus-RTU 协议，9600bit/s，8N2，此后 RS 指令对 COM1 口的操作自动按 Modbus 协议格式处理，如图 6-4 所示。

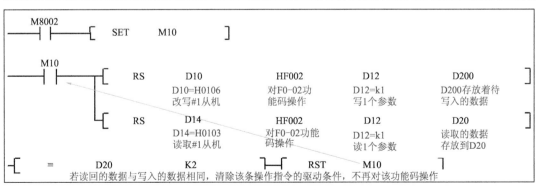

图 6-4　编程调试

MD320 应答的数据将自动存放在 PLC 的 D20 单元，PLC 程序中可直接取用 D20 数据，进行判断，若改写成功，就不再进行该功能码的改写。

（2）对按键的命令响应，发送变频器正转运行、反转运行、停机指令举例如图 6-5 所示。

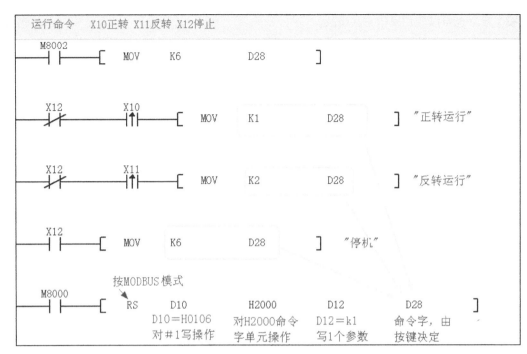

图 6-5 停机指令

这里是将三种操作响应的命令字处理后，由同一个 RS （MODBUS）指令发送。

（3）改变变频器的运行频率举例。下发给变频器的频率指令，并不是以 Hz 为量纲的数据，而是相对于"最大频率"的百分值，K10000 为满刻度，发送前需要折算一下，例如变频器最大频率为 50.00Hz，希望以 40.00Hz 运行，需要发送的数据为 K8000。本例中将 K10000/K5000 直接以 K2 代替，实际编程中若最大频率并不是 50.00Hz，最好如实地用指令进行计算，指令采用循环发送，如图 6-6 所示。

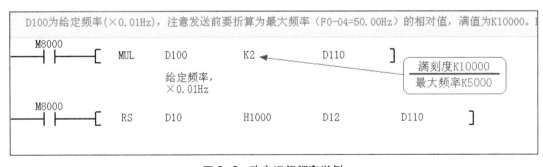

图 6-6 改变运行频率举例

（4）对运行参数的循环读取操作举例如图 6-7 所示。

网络5

读取变频器状态　D30为运行频率；D31母线电压；D32输出电压；D33输出电流；D34输出功率

M8000		RS	D14	H1001	D16	D30
M8013		RS	D14	H1002	D16	D31
		RS	D14	H1003	D16	D32
		RS	D14	H1003	D16	D33
		RS	D14	H1004	D16	D34

网络6

读取变频器运行状态和告警码；D40=（1=正转运行；　2=反转运行；　3=停机）　D41=告警码

| M8000 | | RS | D14 | H3000 | D16 | D40 |
| M8013 | | RS | D14 | H8000 | D16 | D41 |

图6-7　循环读取操作

　　在 Modbus 模式，对"RS"指令的驱动也变得很简单，对于需要循环读取的参数，可以一直驱动（用 M8000）读操作，对于不需要频繁读取的参数，可采用间歇驱动的方法，如图 6-7 中采用 M8013 驱动，这样可让通信扫描循环加快；在 Modbus 指令模式，可有多 RS 指令同时驱动，这与标准 RS 指令的用法有不同，具体可参考《H2U 编程指令手册》。

　　掌握了功能码的通信方式的修改、读取、起停控制、频率控制、状态读取，就可以实现 PLC 的控制；例如将 PID 的运算结果存放到 D100，就可以实现 PLC 的闭环控制，其他的通信操作可参考进行。

2 功能测试表（见表6-1）

表6-1　功能测试表

结果　观察项目　操作步骤	运行频率	母线电压	输出功率	输出电压	输出电流
启动					
改变频率 15Hz					
改变频率 35Hz					
停止					

3 评价（见表6-2）

表6-2 评 分 表

评分表 _____学年		工作形式 □个人 □小组分工 □小组		工作时间	
任务	训练内容	训练要求		学生 自评	教师 评分
变频器 Modbus 通信网络	1. 工作步骤及电路图纸, 20分	列出详细的工作步骤, 并提供原理图和布局图纸			
	2. 通信连接, 20分 通信线制作及使用	能正确制作通信电缆, 并能够正确连接			
	3. 变频器参数, 20分 完成变频器参数设置	能正确设置变频器参数, 并能够恢复和更改参数			
	4. 测试与功能, 30分, 全面检测整个系统	测试变频器和PLC、触摸屏的通信, 按要求进行数据的测试			
	5. 职业素养与安全意识, 10分	现场安全保护；工具器材等处理操作符合职业要求；分工又合作；遵守纪律, 保持工位整洁			

▶ 任务2 变频器CAN网络

✎ 任务目标

（1）熟悉CAN通信网络；

（2）了解CAN通信模块；

（3）了解PLC的CAN指令。

🔧 工作内容

H2U 系列的 N、XP 型 PLC、H1U 系列 PLC，在安装了 CAN 扩展卡后，即能支持基于 CAN 网络的通信，汇川公司基于 CAN 通信网络和协议，定义了一个特定的 CAN 通信协议，让基于该特定协议的 CAN 通信设备可以直接互联，将该网络命名为 CAN-LINK 网络，现在汇川公司的许多控制与传动设备，如 IT 系列人机界面、H2U/H1U 系列 PLC、MD 系列变频器、IS 系列伺服驱动器等，都支持 CAN-LINK 通信。其组成网络如图 6-8 所示。

🔩 任务实施

基于 CAN-LINK 协议的通信，在 PLC 系统软件中，对发送、接收的各环节的具体操作，进行了软件功能封装，采用 FROM/TO 指令，就可以 CAN-LINK 通信，就可访问这些 CAN-LINK 外设，就如同访问扩展模块一样简单。CAN 通信扩展卡外形如图 6-9 所示。

（1）错误指示灯（红色），对应的丝印标识为 ERR，发生通信错误时点亮。

（2）通信指示灯（黄绿色），对应的丝印标识为 COM，单位时间内通信数据量越大，指示灯闪烁越频繁，不通信时指示灯不亮。

（3）电源指示灯（黄绿色），内部逻辑电源指示，主模块上电后该指示灯点亮。

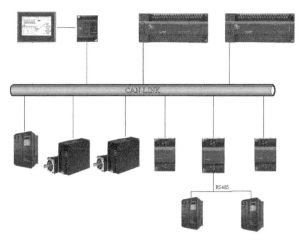

图 6-8 CAN 网络示意图

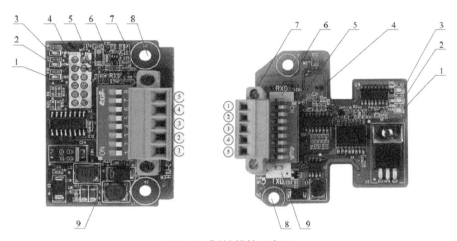

图 6-9 CAN 模块示意图

（4）内部接口（背面），通过该接口和主模块进行交互数据，内部的逻辑电源也由主模块通过该接口提供给通信卡。

（5）拨码开关。

（6）接收数据指示灯（黄绿色），对应的丝印为 RXD，当接收到数据时该指示灯闪亮。

（7）总线端口，也称用户端口，其功能描述见表 1。圆圈内的数字编号表示管脚号。

（8）安装螺钉孔，H1U-CAN-BD 的固定螺钉为 M2.6×6 自攻丝螺钉，H2U-CANBD 的固定螺钉为 M3×6 自攻丝螺钉。

（9）发送数据指示灯（黄绿色），对应的丝印为 TXD，当发送数据时该指示灯闪亮。

H2U 的 N 型、XP 型 PLC 主模块上电时，当检测到 H2U - CAN-BD 扩展卡，就会自动初始化 CAN 通信端口；同样 H1U 系列 PLC 主模块上电时，当检测到 H1U - CAN-BD 扩展卡，也会自动初始化 CAN 通信端口，为进行 CAN 协议、或 CAN-LINK 协议通信做好准备，CAN 总线连接图如图 6-10 所示。

CAN 指令；

远程扩展模块访问指令。

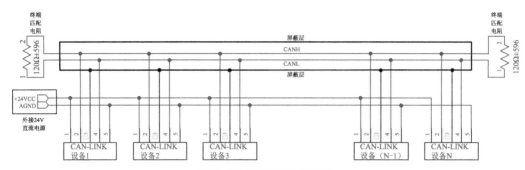

图 6-10 CAN 总线连接图

通过扩展模块指令，可读写通过 CAN 连接的远程扩展模块（需要扩展模块支持）和远程 PLC。该指令兼容本地扩展模块访问指令。

指令格式如下：

读模块数据指令：FROM（M1,M2,D,n）。

写模块数据指令：TO（M1,M2,D,n）。

参数说明：

M1：大于 100 表示 CAN 远程模块，模块地址 +100。小于 100 表示本地扩展模块。

M2：模块寄存器地址。对扩展模块来说是 BFM 地址，对 PLC 来说是 D 元件序号。

D：PLC 通信缓冲区。若为 FROM 指令，即把指定地址的模块的指定寄存器读到此缓冲区中；若为 TO 指令，即把此缓冲区的数据写入到指定地址的模块的指定寄存器中。

n：表示读写的寄存器（BFM 区）个数。

指令执行说明：该指令被驱动后，马上通过 CAN 对外部模块发送一帧数据，等待外部模块响应，若在规定时间（D8241 设定，以 ms 为单位）收到外部模块的正确响应数据，指令执行正常并更新数据，否则报错。若超时，M8192 将置位。

PLC 的 FROM/TO 指令访问本地扩展模块时，模块地址号只能是＃ 0 ～＃ 7；若 FROM/TO 指令访问的模块地址号大于等于＃ 100，则定义为通过 CAN-LINK 网络访问外部 CAN 站点设备。例如当访问的模块地址号为＃ 120 时，就表示以 CAN-LINK 网络访问＃（120 - 100），即＃ 20 号 CAN 地址的外部设备。

H2U-CAN-BD 扩展卡设置开关的定义适用于 CAN 自由通信，也适用于 CAN-LINK 通信。CAN-LINK 协议或远程扩展模块访问协议的设备中，通过扩展模块 FROM/TO 指令，可读写通过 CAN 连接的远程扩展模块（需要扩展模块支持）和远程 PLC。在自由 CAN 协议中，无须分配 PLC 的站号，在 CAN-LINK 协议或远程扩展模块访问协议的设备中需要分配各 PLC 或远程扩展模块的站号。

顺便提一下 CAN 自由通信指令和格式：

CAN 数据发送指令格式：CANTX ⑤1 ⑤2 Ⓓ ⓝ

CAN 数据接收指令格式：CANRX ⑤1 ⑤2 Ⓓ ⓝ

各参数定义如下：

S1 和 S2 两个参数共同组成 CAN 地址，该两个地址定义方法与 CAN 通信协议中的地址定义相同。若"S1"="0"表示标准 CAN 地址（11 位），则由 S2 的 bit0 ～ bit10 位表示地址；

若 S1 的 bit13 = 1，则为扩展地址模式，S1、S2 的低 29 位地址共同组成。

D 在 CANTX 指令中为发送缓冲区，在 CANRX 指令中为接收缓冲区；从该 D 元件开始的最大 4 个 D 元件作为发送或者接收缓冲区。

n 在 CANTX 指令中为发送数据个数，在 CANRX 指令中为接收数据个数；以字节为单位，最大为 8。

CANTX/CANRX 指令允许发送 / 接收 1～8 个字节，如图 6-11 所示。

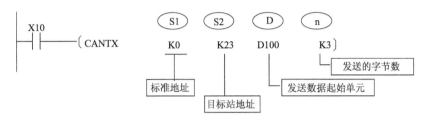

图 6-11 CANTX 指令定义

实现的操作是：将本机 D100 开始的 3 个字节数据发送给＃ 23 号地址的站点。注意发送数据是顺序如图 6-12 所示。

指令举例：(S1 的 bit13 为 0)。

假设有 8 台 PLC 连接在 CAN 网络中，其中一台 PLC 程序里面写了图 6-13 所示的发送指令。

图 6-12 发送数据的顺序

图 6-13 发送指令

这台 PLC 往地址 H200 发送了 D10～D13 寄存器里面的数据，因为 CAN 协议不分主从站，所以这台 PLC 往地址 H200 发送的数据是开放的，在网络中的其他任意一台 PLC 想接收这台 PLC 里面 D10～D13 的数据，都可以在这任意一台 PLC 的程序里面写入图 6-14 所示的接收指令。

图 6-14 接收指令

只要执行了上面的语句，即可接收地址为 H200 的数据，并存放在 D100～D103 里面。可以在多台 PLC 里面分别写程序，以接收这一数据。

练习与提高

1. 变频器的通信参数有哪些？列出需要设置的参数表。

2. 如果不采用 RS 编程指令，而采用 Modbus 编程指令，该工程项目的程序如何编写？

3. 编写 PLC 和触摸屏程序，要求在触摸屏上启动变频器，启动频率为 10 Hz，运行 5 s 后，以 35 Hz 的频率运行 15 s，最后能通过触摸屏上的上升和下降按钮任意调节频率。变频器加速时间为 3 s，减速时间为 5 s。